KB142738

그들을 만나러 간다

바르셀로나

BARCELONA - EINE STADT IN BIOGRAPHIEN (MERIAN *porträts*)
by Wolfhart Berg
Original Copyright ©️ TRAVEL HOUSE MEDIA GmbH, Munich (Germany) 2012
Korean Translation Copyright ©️ Touch Art Publishing 2016
Touch Art Publishing published this book by transferring the copyright of the
German version under license from TRAVEL HOUSE MEDIA GmbH,
Munich (Germany) through Shinwon Agency Co., Seoul. All rights reserved.

이 책의 한국어판 저작권은 신원 에이전시를 통해
저작권자와 독점 계약한 (주)터치아트에 있습니다.
신 저작권법에 의해 한국 내에서 보호를 받는 저작물이므로
무단 전재와 무단 복제를 금합니다.

도시의 역사를 만든 인물들

그들을 만나러 간다

바르셀로나

볼프하르트 베르크 지음

장혜경 옮김

터치아트

티비다보 놀이공원 관람차에서 내려다본 바르셀로나 전경

바다와 산이 어우러진 도시, 과거와 현재와 미래가 어우러진 도시,
넘치는 상상력의 도시, 다른 언어를 쓰는 다른 문화의 스페인, 바르셀로나!

과거에도 현재도 바르셀로나에는 영웅이 많다. 1493년에는 콜럼버스가 스페인의 영웅이었고, 지금은 축구 천재 리오넬 메시가 카탈루냐의 왕이다. 안토니 가우디는 미완성 성당 사그라다 파밀리아를 지었고, 파블로 피카소는 위대한 예술 작품을 남겼으며, 조지 오웰은 스페인 내전에서 싸웠고, 카를로스 루이스 사폰은 프랑코 독재 시절 카탈루냐인들이 받았던 억압을 소설로 기록했다. 세계 3대 테너 호세 카레라스, 분자 요리의 창시자 페란 아드리아, 몬탈반의 추리소설 속 주인공 탐정 페페 카르발로 역시 바르셀로나에 지울 수 없는 인상을 남겼다.

이 책에서 소개하는 20명의 인물들은 바르셀로나의 진정한 얼굴을 보여 줄 것이다. 물론 바르셀로나를 빛낸 수많은 인물 중에서 단 20명을 뽑는 과정은 쉽지 않았다. 2천여 년의 유구한 역사를 자랑하는 도시를 단 20명의 인물로 축약할 수는 없기 때문이다. 그럼에도 그들을 통해 바르셀로나만의 독특한 만화경을, 매력 넘치는 바르셀로나를 조금이나마 볼 수 있을 것이다.

바르셀로나를 가득 수놓은 풍부한 상상력과 더불어 카탈루냐 사람들에게는 또 다른 두 가지 특성이 있다. 바로 '세니'와 '라욱사'이다. 세니는 실용주의, 건강한 장사 수완을, 라욱사는 열정과 예술 감각, 삶의 욕망, 축제 분위기를 의미한다. 바르셀로나 사람들은 세니와 라욱사를 결합시키는 재주를 타고나는 것 같다. 그것이 바르셀로나를 세상에서 단 하나밖에 없는 곳으로 만든다. 하나의 영혼에 담긴 세니와 라욱사의 대립. 교양이 넘치지만 거칠고, 마음이 넓지만 장사 수완이 빼어난 바르셀로나 사람들. 세니와 라욱사는 그렇게 바르셀로나를 빛나게 한다.

차례

바르셀로나의 인물 한눈에 보기

사람이 없다면 도시는 도시가 아니다. 안토니 가우디, 파블로 피카소, 호안 미로, 호세 카레라스……. 이들이 없었다면 오늘의 바르셀로나는 없었을 것이다.

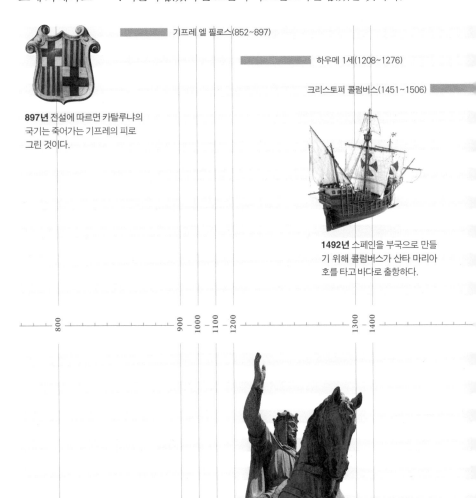

기프레 엘 펠로스(852~897)

하우메 1세(1208~1276)

크리스토퍼 콜럼버스(1451~1506)

897년 전설에 따르면 카탈루냐의 국기는 죽어가는 기프레의 피로 그린 것이다.

1492년 스페인을 부국으로 만들기 위해 콜럼버스가 산타 마리아 호를 타고 바다로 출항하다.

800 900 1000 1100 1200 1300 1400

1213~1277년 하우메 1세가 자신이 세운 카탈루냐 왕국을 다스리다.

1899년 바르샤는 창단 이후 카탈루냐 정체성의 상징으로 성장했다.

일데폰스 세르다 이 수니에르(1815~1876)

에우세비 구엘(1846~1918)

안토니 가우디(1852~1926)

파블로 피카소(1881~1973)

호안 미로(1893~1983)

조지 오웰(1903~1950)

살바도르 달리(1904~1989)

1700
1800 1900 2000

하우메 라몬 메르카데르(1913~1978)

안토니 타피에스(1923~2012)

가브리엘 가르시아 마르케스(1927~2014)

몬세라트 카바예(1933~)

마누엘 바스케스 몬탈반(1939~2003)

호세 카레라스(1946~)

페란 아드리아(1962~)

카를로스 루이스 사폰(1964~)

크리스티나 공주(1965~)

리오넬 메시(1987~)

1888년 구엘 저택은 가우디가 설계한 초기 건축물 중 하나다.

지도 찾아보기

	A	B	C	D	E
1					
2					
3					
4					
5					
6					
7					

36 라 포르테리아 레스토랑

Via Augusta

카사 푸스테르 호텔 **17**

Avinguda Diagonal

카사 밀라 **9**

Avinguda Diagonal

Passeig de Gràcia

카사 바트요 **8**
카사 아마트예르 **7**
안토니 타피에스 미술관 **13**
살라 딜마우 갤러리 **15**
람블라 데 카탈루냐 **31**

Carrer de Muntaner

Carrer d'Entença

Avinguda de Roma

Carrer d'Aragó

Carrer d'Entença

Carrer de Numancia

Gran Via de Les Corts Catalanes

라 팔로마 **19**

호안 미로 미술관 **14**

2킬로미터

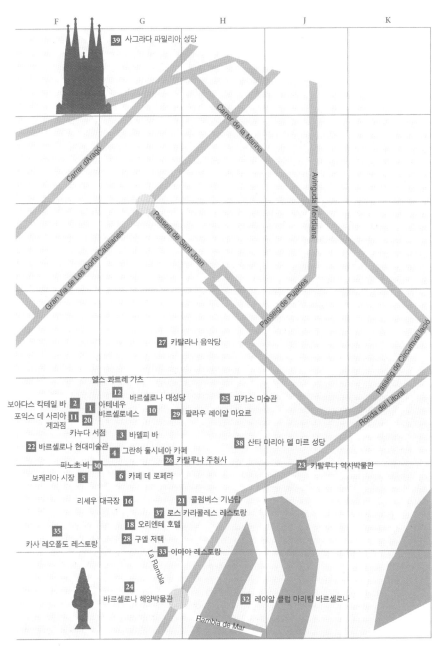

39 사그라다 파밀리아 성당

27 카탈라나 음악당

엘스 콰트레 가츠
12
보아다스 칵테일 바 2 바르셀로나 대성당 25 피카소 미술관
1 아테네우
포익스 데 사리아 11 20 바르셀로네스 10 29 팔라우 레이알 마요르
제과점
카누다 서점 3 바델피 바
22 바르셀로나 현대미술관 4 38 산타 마리아 델 마르 성당
그란하 둘시네아 카페
피노초 바 30 26 카탈루냐 주청사 23 카탈루냐 역사박물관
보케리아 시장 5 6 카페 데 로페라

리세우 대극장 16 21 콜럼버스 기념탑
37 로스 카라콜레스 레스토랑
18 오리엔테 호텔
35 28 구엘 저택
카사 레오폴도 레스토랑 33 아마야 레스토랑

24
바르셀로나 해양박물관 32 레이알 클럽 마리팀 바르셀로나

본문에서 주황색 숫자와 알파벳 및 숫자의 조합은 지도 위치를 가리킵니다.
예) 사그라다 파밀리아 39 G1

기프레 엘 필로스 852~897
카탈루냐를 세운 바르셀로나 최초의 백작

바르셀로나의 시조는 프랑스 남부의 백작이자 군인이었다.

그는 바르셀로나를 중세의 권력 중심지로 키웠고

자신의 피로 카탈루냐의 국기를 창조하였다.

게르만족의 분노. 그것이 시발점이었다! 정치적으로 정확히 따진다면 바르셀로나가 백작령이 되어 중세의 세계적 도시로 성장한 공은 프랑크족에게 돌아가야 마땅하다. 이 서게르만 민족이 유럽의 절반을 침략하여 오늘날의 프랑스와 독일의 상당 부분을 지배했기 때문이다.

768년 단신왕 피핀 3세$^{Pippin III}$가 세상을 떠날 당시 프랑크 왕국의 영토는 피레네 산맥까지 뻗어 있었다. 우리에겐 카롤루스 대제$^{Carolus Magnus, 재위 768~814}$로 더 많이 알려진 피핀 3세의 후계자 카롤루스 마그누스는 814년 세상을 떠날 때까지 왕국의 영토를 피레네 산맥 너머까지 넓혀나갔다. 그의 아들인 경건왕 루트비히 1세$^{Louis le Pieux, 재위 814~840}$는 아랍인들을 무찔러 카탈루냐에서 두 번째로 긴 요브레가트 강 너머로 쫓아 버렸다. 이즈음 카탈루냐는 스페인 변경구^{邊境區}가 되었고, 그 영토가 피레네에서 우르헬과 히로나를 거쳐 바르셀로나 남부까지 뻗어 있었다. 경건왕에게 이런 위대한 정치적 업적을 선사한 이가 바로 지금까지 카탈루냐의 시조로 추앙

큰 검을 든 단신의 남자. 바르셀로나, 우르헬, 히로나, 베살루의 백작 기프레 엘 필로스.

받는 기프레 엘 필로스였다.

　유혈이 낭자한 이 이야기엔 털북숭이 남자와 대머리 남자가 등장한다.
둘 다 귀족이었고 둘 다 매우 용맹했다. 영웅의 신화가 탄생했던 초기 중
세의 서사시 한 편, 몇백 년 후 그 서사시를 읽은 자손들은 두려움에 벌벌

구도심 고딕 지구에 자리한 로마의 아우구스투스 신전 기둥.

떨었다. 명예를 중시하는 모든 도시에는 찬란한 과거가 필요한 법, 카탈루냐의 도시 바르셀로나도 예외가 아니다. 아니 바르셀로나라면 더욱 더 영광스러운 과거가 필요할 것이다. 먼저 도시의 탄생에서부터 역사적, 전략적, 지정학적 배경을 살펴보자.

로마는 제1차 포에니 전쟁B.C. 264~B.C. 241에서 카르타고로부터 코르시카, 시칠리아, 사르데냐 섬을 빼앗았고 지중해까지 눈독을 들였다. 제2차 포에니 전쟁 B.C. 218~B.C.201에서는 로마의 두 군단이 한니발의 카르타고 전사들과 대적했다. 한니발의 군대는 프랑스 남부와 지브롤터의 스페인령 지중해 연안을 공격해 손아귀에 넣고자 했다.

하지만 로마군 총사령관 스키피오가 코스타 브라바Costa Brava, 카탈루냐 지방의 해안에서 카르타고의 보급로를 차단했고, 나아가 피레네에서 바르셀로나, 타라코오늘날의 타라고나를 거쳐 에브로 강 하구로 이어지는 해안을 점령했다. 그리하여 기원전 210년경 타라코를 수도로 삼은 로마의 식민지 '히스파니아 시테리오르'가 탄생했다. 이곳을 시작으로 카르타고인들은 곧 스페인 전역에서 추방되었다. 기원전 100년경, 타라코는 스페인 속주 전체의 수도가 되어 사원과 창고, 궁전을 갖춘 큰 도시로 성장했다. 기원전 40년경 율리우스 카이사르^{Gaius Julius Caesar}가 개선문을 지을 당시 타라코의 인구는 이미 3만 5천여 명에 달했다. 현재 타라고나는 스페인 전역을 통틀어 로마 시대의 건축물이 가장 많이 남아 있는 곳이다.

타라코와 달리 베소스 강과 요브레가트 강 사이의 해안 지역은 여전히 오지였다. 물론 북아프리카에서 건너온 베르베르족, 카르타고의 후손들, 켈트족이 뒤섞인 라이에타니족이 그 지역의 목동 및 농부들과 함께 거주했다. 오늘날엔 라이에타나 거리^{Via Laietana F4-H6}를 중심으로 고딕 지구와 북쪽의 리베라 지구가 나뉜다. 어쨌든 로마의 스페인 속주의 수도인 타라코가 급성장하는 바람에 땅이 부족했고, 마르세유에서 나르본을 거쳐 타라코에 이르는 항로도 너무 길었기 때문에 몬주익 언덕과 초지에 하나 둘 오두막이 생겨나기 시작했다. 로마 함대에 식량을 조달하던 임시항 주변으로 형성된 어부, 선박 건조업자, 상인의 마을은 기원전 14년 무렵이 되자 공식적으로 로마 제국의 식민지 '파벤티아 율리아 아우구스타 파테르나 바르시노'로 지정되었다. 바르셀로나의 역사가 시작된 것이다.

시작은 로마의 식민지 바르시노

이 지역은 이내 타라코보다 더 중요한 무역 거점으로 부상한다. 도시의 성벽이 지금의 라발, 고딕, 리베라 지구를 에워쌌다. 1~3세기까지 진흙과 벽돌로 지은 집들 사이로 부유한 로마 귀족과 장군들이 저택, 온천, 아우구스투스 신전을 지었다. 바르셀로나 대성당과 산트 하우메 광장 사이에 있는 작은 파라디스 거리 10번지^{Carrer del Paradis 10 G5}에는 지금까지도 아우구스트 신전 기둥 3개가 남아 있다. 한때 78개나 되는 탑을 자랑하던 로마 성벽은 바르셀로나 대성당 앞 노바 광장^{Plaça Nova}부터는 아직까지도 잘 보존되어 있다. 그 성벽을 따라 로마 시대의 관광로가 구불구불 깔려 있다. 미로 같은 낭만적인 골목을 지나 비스베 거리^{Carrer Bisbe}, 파야 거리^{Carrer de la Palla}, 바니스누스 거리^{Carrer dels Banys Nous}를 넘으면 길은 암펠 거리^{Carrer Ampel}, 하우메 1세 거리^{Carrer Jaume I}, 파피네리아 거리^{Carrer de la Tapinería}를 지나 카테트랄 거리^{Avinguda de la Catedral}까지 이어진다.

3세기가 되자 바르시노에서 라틴어와 로마 점령지 루시용의 프랑스어 사투리에서 발전한 카탈루냐의 언어 카탈라가 널리 쓰였다. 300년경 바르시노의 인구는 5만 명에 육박했다. 로마의 기독교 박해가 심하던 당시, 바르셀로나의 수호성녀 산타 에우랄리아^{Santa Eulalia}는 총독에게 고문당해 순교했다. 기독교 박해, 로마 제국의 붕괴, 게르만족의 침략은 수많은 피난민과 기아, 폭력을 이 항구 도시로 몰고 왔다. 415년, 바르시노는 서고트족에게 점령당했고, 476년이 되자 이베리아 반도에는 단 한 명의 로마 군인도 남지 않게 되었다.

카탈루냐의 창시자, 권력 게임에 발을 내딛다

그 이후의 300년은 지역 귀족과 수공업자, 상인들이 급속도로 세를 키운 시기였다. 서고트의 지배자들은 어쩔 수 없이 신분법과 지역 자치권을 바르셀로나의 시의회에 이양했다. 더구나 18세기에 들어서 아랍인과 사라센인들이 바르시노를 점령했고, 북쪽에서도 프랑크의 왕들이 전략적 요충지인 지중해의 항구 도시 바르시노와 타라코에 눈독을 들이면서 서고트족은 완전히 힘을 잃고 말았다. 카롤루스 대제와 그의 아들인 경건왕 루트비히 1세는 신성로마제국의 영토를 피레네 산맥 너머까지 넓혔고, 801년에는 사라센인들을 바르셀로나에서 몰아냈으며, 806년에는 로셀로, 우르헬, 카르단야, 바르셀로나, 히로나 같은 코마르카^{하위 행정 구역}를 만들어 요브레가트 강 남쪽 영토까지 스페인의 변경구로 삼았다. 프랑크 왕

구도심에 자리한 바르셀로나 대성당. 가장 오래된 이 부분은 13세기 말에 지어진 것이다.

국의 황제와 각 속국의 왕들은 이 지방을 각각 백작들에게 맡겼다. 바야 흐로 평화의 시대였고 상업이 융성했다. 바르셀로나 시민 의식도 더불어 성장했다. 프랑크의 왕들은 해운업과 무역을 장려했고 지역 자치의회, 재산 분쟁 중재 재판소를 설치했다.

피핀 3세, 카롤루스 대제, 루트비히 1세가 죽고 9세기가 되면서 마침내 영광스러운 카탈루냐의 창시자가 권력 게임에 발을 내디뎠다. 그가 바로 털북숭이 빌프리드 기프레 엘 필로스다. 전설에 따르면 그는 헝클어진 머리에 온 얼굴이 수염으로 덥수룩했다고 한다. 852년, 서프랑크 왕국의 영토였던 프랑스 남부 카르카손 근처에서 태어난 것으로 전해지며, 유서 깊은 백작 가문의 아들로, 형제 중에는 성직자도 있었지만 그는 군인이 되었다.

기프레는 용맹하고 호전적이었지만 목숨을 함부로 할 만큼 무모하지는 않았다. 오히려 외교 능력이 뛰어났고 충성심이 깊었다. 그래서 출정할 때도 프랑크의 영주들이나 오소나 몬세라트 주교구의 고위 성직자들과 사전 협의를 거쳤다. 이렇게 그는 프랑크 왕국의 편에 서서 백작령을 하나씩 수중에 넣었다. 870~880년 사이 우르헬, 로셀로에 이어 카르단야, 히로나, 바르셀로나까지 그의 휘하에 들어왔다. 카롤링거 왕조의 황제 대머리 왕 카롤루스 2세^{서프랑크 왕국 재위 843~877}는 심지어 기프레가 카탈루냐의 최고 권력자인 프랑크의 귀족 베르나트에게 도전장을 내밀어 그를 무찔렀을 때도 간섭하지 않고 묵인해 주었다.

어쩌면 황제는 베르나트가 카롤링거 왕궁에서 쫓겨나 피레네 지역으로 추방당하기를 은근히 바랐을지도 모른다. 베르나트가 왕후와 그렇고 그런 사이라는 소문이 돌았기 때문이다. 어쨌든 왕은 베르나트를 무찌른 공을 인정해 기프레에게 손수 히로나와 베살루의 백작이라는 칭호를 내렸다. 기프레는 이 두 백작령과 오소나 및 몬세라트 주교구를 합쳐 자치 왕국을 만들었고 수도를 바르셀로나로 정했다.

카탈루냐기의 탄생

기프레는 엄하지만 공정했다. 반역자는 손수 머리를 베었지만 권력을 이용해 무고한 농부의 딸들을 괴롭히는 귀족들의 만행은 두고 보지 않았다. 그는 또 신을 섬기는 마음으로 산타 마리아 데 리폴 수도원^{Parroquia de Santa María de Ripoll}과 산트 호안 데 레스 아바데세스 수도원^{Sant Joan de les Abadesses}을 지었다. 산타 마리아 데 리폴 수도원은 훗날 그가 묻힌 곳이기도 하다.

그는 죽었지만 전설은 영원하다. 기프레가 카롤루스 2세의 편이 되어 바르셀로나에서 전투 중에 그만 중상을 입었다. 황제가 야전병원으로 몸소 찾아와 오른손으로 기프레의 상처를 만졌고 피 묻은 4개의 손가락으로 황금 방패를 쓰다듬으며 말했다. "이것을 카탈루냐 왕의 문장으로 삼을지어다." 그 장면을 담은 그림이 왕의 광장의 바르셀로나 역사박물관 Museu d'Història de Barcelona 에 걸려 있다. 노란 바탕에 네 개의 붉은 줄. 유럽에서 가장 오래된 카탈루냐기는 그렇게 탄생했고 시조는 바로 기프레다.

황제는 그에게 백작령 바르셀로나를 하사했고, '바르셀로나 백작' 칭호를 자손에게 물려줄 수 있도록 허락했다. 그리하여 1410년까지 이어지며 카탈루냐 분리 독립 운동의 기반이 된 왕조가 세워졌다. 기프레는 왕의 칭호를 쓸 수는 없었지만 왕관은 쓸 수 있었다. 그가 다스린 백작령 바르셀로나는 독일, 프랑스, 이탈리아 왕국의 틈바구니에서 막강한 제국의 중심부로 성장했고, 스페인 남부의 아랍인들을 막는 전략적 요새가 되었다.

897년 8월 11일, 세상을 떠난 기프레 백작은 아내 기니딜다와의 사이에서 낳은 9명의 자식과 11세기부터 거대한 전함과 무역선으로 지중해를 지배하게 될 번영하는 항구 도시를 남겼다.

털북숭이 군인은 덕망 높은 정치인이 되었다. 바르셀로나에게는 영웅들을, 카탈루냐에게는 국기를 남긴 위대한 정치인이.

바르셀로나 역사박물관
Plaça del Rei
www.gencat.cat/generalitat
▶지하철 : 하우메 I Jaume I

카탈루냐 역사박물관 23 J5/6
Plaça de Pau Vila 3
www.mhcat.net
▶지하철 : 바르셀로네타 Barceloneta

Jaume el Conqueridor

하우메 1세 1208~1276

지중해 전역을 지배한 정복자

옛날 한 젊은이가 바르셀로나의 왕좌에 올라 지중해를 정복했다.
현실이 된 동화, 바르셀로나는 지금도 자랑스럽게 그 동화를
세상 사람들에게 들려준다.

후각이 예민한 사람이라면 살인자의 흔적을 쫓아서 카탈루냐 왕의 궁전을 찾을 수 있다. 2006년, 독일 영화감독 톰 티크베어Tom Tykwer가 낮이면 관광객으로 넘쳐나는 웅장한 고딕 지구의 산트 하우메 광장Plaça Sant Jaume G5/6 주변에서 잔혹한 후각의 천재 그르누이의 이야기 〈향수Perfume: The Story of a Murderer〉를 촬영했다. 파트리크 쥐스킨트의 동명의 베스트셀러 소설 《향수》(1985)를 원작으로 한 이 영화의 무대는 파리였지만 바르셀로나가 파리를 대신해 촬영지를 제공했다.

영화에서 그르누이는 메르세 광장의 산더미처럼 쌓인 2톤 생선 틈에서 태어난다. 레이알 광장에 이르기 직전인 비드레 거리 1번지에는 약초 가게 '헤르보리스테리아 델 레이Herboristería del Rei'가 있다. 영화에선 그곳이 파리의 향수 가게로 변신한다. 그르누이는 세상의 모든 냄새를 머릿속에 저장하기 위해 페란 거리의 쇼핑가를 거쳐 산트 하우메 광장을 지나고 다시 전원풍의 산트 후스트 광장까지 걸어간다. 작은 성당 산트 후스트 이 파

바르셀로나를 수도로 삼은 강국 카탈루냐의 왕 '정복자' 하우메 1세.

스토르^{Basílica dels Sants Màrtirs Just i Pastor}에서 수녀가 나체의 시신으로 발견되고 그라스의 주교는 젊은 여인을 죽이는 연쇄 살인을 막자고 설교한다. 그르누이가 자두 파는 처녀를 발견하여 쫓기 시작한 곳도 바로 이 성당이다. 그르누이는 성당 뒤편의 복잡한 골목을 따라 그녀를 쫓아가고 결국 낭만적

카탈루냐 주청사인 팔라우 데 라 헤네랄리타트는 산트 하우메 광장에 자리하고 있다.

인 산트 펠립 네리 광장에서 그녀를 살해한다.

고딕 지구는 〈향수〉가 전 세계에서 성공을 거두기 전부터 유명했다. 귀족적인 고딕 양식의 대표적인 현장이기 때문이다. 바르셀로나 사람들은 자신의 고향을 이야기할 때 '로벨 데 로우$^{rovell\ de\ l'ou}$', 즉 계란 노른자라는 말을 자주 하는데, 산트 하우메 광장과 150미터 떨어진 왕의 광장$^{Plaça\ del\ Rei}$ ^{G5}및 구 왕궁 팔라우 레이알 마요르$^{Palau\ Reial\ Major}$ 29 ^{G5}, 그리고 그 옆의 바르셀로나 대성당$^{Catedral\ de\ Barcelona}$ 10 ^{G5}을 일컫는 말이다. 바르셀로나 대성당은 하우메 1세가 세상을 떠난 후인 1298년에 착공해 1448년에 완공된 대표적인 고딕식 성당이다. 13세기에 바르셀로나의 백작이자 아라곤의 왕이었던 정복자 하우메 1세가 이곳에 강국 카탈루냐 왕국을 세워 60년이 넘는 긴 세월 동안 지배했다. 카탈루냐 왕국은 그 후 250년 동안 지중해 전역을 지배한다.

하우메의 부모인 아라곤의 페드로 2세와 마리아 데 몽펠리에 백작녀는 혼인 정책이 맺어준 부부였다. 그들의 조상 역시 능숙한 혼인 정책의 전문가들이었다. 출발점은 1137년, 바르셀로나 백작 라 몬 베렝게르 4세였다. 작은 아라곤 왕국의 왕 라미로 2세가 또 다시 침략한 아랍인들을 물리치기 위해 부유한 바르셀로나에게 도움을 청하면서, 그 대가로 22살 연하의 페트로닐라 공주와 결혼시켜 주고 왕의 자리도 물려주겠다고 약속했던 것이다.

혼인 정책으로 탄생한 왕국

베렝게르 4세는 군대를 파견했고 아랍인들을 물리쳤으며 페트로닐라와 결혼했다. 하지만 정식으로 아라곤과 바르셀로나의 왕이 되어 해변으로 수도를 옮긴 장본인은 베렝게르 4세의 아들이자 하우메 1세의 할아버지인 알폰소 2세였다. 아라곤, 바르셀로나, 프랑크 백작령 카르카손, 아비뇽, 몽펠리에 연합 왕국은 13세기까지 마드리드를 지배한 카스티야 왕들의 중앙집권제 요구와 아랍인들을 무사히 견제했다.

상황은 하우메 1세가 왕위에 오를 때까지 변함이 없었다. 그는 5살에 카탈루냐와 아라곤의 왕이 되었다. 하지만 16살 성년이 될 때까지는 템플 기사단의 교육을 받았고 부모가 돌아가신 후 만들어진 자문 위원회의 후견을 받았다. 성년이 된 왕은 뜨거운 가슴과 차가운 머리를 가진 용감한 전사였다. 당대의 역사가 베르나르드 데스클로트^{Bernard Desclot}는 그를 이렇게 표현했다. "하우메는 세상에서 가장 늠름한 남자였다. 보통의 남자들보다 키가 한 뼘쯤 더 컸고 모든 면에서 준수했다. 용모는 인상적이었고 코는 길고 입은 크고 치아는 하얐다. 눈동자는 반짝였고 붉은 머리는 금박을 입힌 듯했으며 어깨는 넓었다. 무기를 능숙하게 다루었고 용맹하고 관대했으며 모두에게 다정했다. 하지만 그의 목표는 오직 하나, 아랍인들과 싸워 그들을 물리치는 것이었다."

하우메 1세는 21살이 되자 몇 번의 작은 전투를 경험한 유능한 왕이자 그보다 더 유능한 군사 전략가로 칭송받았다. 당시의 바르셀로나에는 두 가지 큰 골칫거리가 있었다. 첫째는 항구로 밀려드는 모래가 너무 많아 무역과 국제 항해에 큰 장애가 되었다. 특히 흘수가 깊은 캐러벨 선은 제대로 짐을 싣고 부릴 수가 없었다. 따라서 하우메는 윈치가 달린 선박을 이용해 항구의 출입구를 준설하라고 지시했다. 나아가 흘수가 얕은 전함을 건조하게 했다. 당시 전함을 건조했던 조선소는 지금의 콜럼버스 기념탑**21** G/H6 뒤편에 자리한 드라사네스 레이알스Drassanes Reials, 왕의 조선소 G7의 전신이다. 두 번째 문제는 여전히 발렌시아는 물론이고 발레아레스 제도를 지배하며 해상 무역을 방해하는 아랍인들이었다. 당시는 역풍을 거스르는 항해 기술이 없었기 때문에 지중해로 향하는 큰 배들은 마요르카, 미노르카, 이비사 섬을 우회할 수가 없었다. 따라서 바르셀로나 상인들이 큰 피해를 입었다.

결국 하우메 1세는 결단을 내렸다. 1229년, 그는 부유한 기독교 상인과 유대인 상인들의 재정적 지원과 아라곤, 마르세유, 타라고나의 군사적 지원을 등에 업고 선원 1천 명과 군인 5천 명 이상을 실은 500척의 함대를 꾸려 발레아레스 제도의 아랍인들을 공격했다. 불과 5년 후인 1234년, 아랍인들은 300년 넘게 지배한 섬들을 버리고 달아났다. 정복자 하우메 스스로도 다음과 같이 자랑했던 대단한 전과戰果였다. "마요르카를 정복할 당시 나는 신의 도움으로 지난 100년간 한 인간이 거둔 성과 중 가장 혁혁한 전과를 올렸다." 그의 말은 전혀 과장이 아니었다. 승리에 취한 하우메는 여세를 몰아 1234년 사르데냐 섬을 정복했고 섬의 북서쪽 해안에 카

현재 드라사네스 레이알스는 기념물로 지정되어 보호받고 있다. 1941년부터는 이곳에 바르셀로나 해양박물관이 자리하고 있다.

탈루냐의 관리들과 농부들을 정착시켰다. 지금도 사르데냐 주민들이 카탈루냐 방언인 알게로어를 쓰는 것은 이 때문이다.

1236년 아랍인들은 발렌시아에서도 쫓겨났다. 제노바, 시칠리아, 나폴리도 18세기까지 바르셀로나의 세력권에 있었다. 아테네는 바르셀로나에 도움을 구하며 지배를 자청했다. 이제 지중해는 바르셀로나의 제국이었다. 카탈루냐 왕국은 프로방스에서 바르셀로나를 거쳐 발렌시아까지 뻗어 나갔다. 왕국의 배들이 비잔티움까지도 태평하게 항해했고 지중해권에 80개나 되는 카탈루냐 영사관이 문을 열었으며 바르셀로나의 법이 국제적으로 통용되었다. 선원과 상인들은 카탈루냐어를 지중해권으로 전파했다. 그 후 250년 동안 카탈루냐어는 카탈루냐 국민의 정체성을 떠받치는 대들보 역할을 했다. 또 하나의 대들보는 시인이자 철학자, 기독교 사상가인 라몬 유이$^{Ramón\ Llull}$이다. 그의 저서는 독일 철학자 라이프니

츠$^{Leibniz, 1646~1716}$에게까지 영향을 주었다고 한다. 라몬 유이의 부모는 하우메 1세의 전쟁을 재정적으로 지원해 그 대가로 마요르카의 넓은 땅을 하사받았다. 라몬 유이는 13세기 후반 하우메 1세의 자문 역을 맡아 왕이 1276년 세상을 떠날 때까지 곁에서 조언을 아끼지 않았다.

강력하고 부유한 왕국을 건설하다

하우메 1세는 세상을 떠나기 전까지 평화를 되찾은 그의 부유한 왕국을 정비했다. 1250년에는 세력이 강한 수공업자들과 그보다 더 세력이 강했던 상인들에게 자치권을 선사함으로써 교회와 귀족 계급을 무력화시켰다. 또한 납세하는 모든 국민이 선거를 통해 뽑은 의회에 자문해 주기 위해 100인 자문회 '콘셸 데 센트$^{Consell de Cent}$'를 설립한다. 나아가 입법권을 가진 감독 행정 기관 헤네랄리다드^{Generalidad}도 설치했다. 1272년 설치한 '콘솔라트 데 마르$^{Consolat de Mar}$'는 오늘날 독일 함부르크 국제 해양법원과 비교할 만한 해양자문회로 이후 전 유럽이 모델로 삼은 민주적 법규범을 만들었다. 자식 농사도 풍년이었다. 3명의 아내와 여러 애인에게서 최소 13명의 자식을 낳았다.

이 위대한 카탈루냐의 왕은 지금은 대리석상이 되어 자신의 이름을 딴 넓은 광장의 고딕식 시의회 건물 바로 앞에 서 있다. 그리고 당당한 눈빛으로 1982년부터 줄곧 좌파가 다수를 차지한 시의회의 입구를 지키고 있다. 맞은편에는 고딕식의 카탈루냐 주청사$^{Palau de la Generalitat}$ 26 G5가 서 있다. 이곳은 시의회와 달리 보수파가 다수다. 그러나 이런 정치적 갈등의 현장에서도 바르셀로나 사람들은 단합된 모습을 보인다. 해마다 4월 23일이면 용을 죽인 카탈루냐의 수호성인 산트 조르디를 기리는 장미 축제가 이곳에서 열린다. 또 9월 24일이면 수호성녀 메르세를 기리는 축제가 밤늦

도록 도시를 열광의 도가니로 몰아넣는다.

매주 일요일 저녁 6시 30분이 되면 카탈루냐의 주민들이 모여 소박하지만 감동적인 전통 의식을 거행한다. 큰 원을 그리고 목관악기 소리에 맞춰 민속 춤 사르다나를 추는 것이다. 카탈루냐 첼로의 거장 파블로 카살스Pablo Casals는 이 춤을 다음과 같이 평한 바 있다. "사르다나는 손에 손을 맞잡고 이룩한 완벽한 조화와 평등을 상징한다. 이 규칙은 가장 깊은 곳에 자리한 우리 민족성의 기틀을 보여 주는 것으로, 우리는 앞으로도 영원히 이 기틀을 지켜 나가야 할 것이다."

대좌에 선 하우메 1세가 아래를 굽어본다. 왕관에는 누군가 그에게 바친 장미 한 송이가 꽂혀 있다. 상상력이 그리 풍부하지 않더라도 왕이 사르다나를 추는 카탈루냐 사람들을 바라보며 고개를 끄덕이는 모습을 쉽게 그릴 수 있을 것이다. 왕도 그들과 같은 카탈루냐 사람이므로.

바르셀로나 대성당 10 G5

Plaça de la Seu
www.catedralbcn.org
▶ 지하철 : 하우메 I Jaume I

바르셀로나 해양박물관 24 G7

Av . de les Drassanes
www.mmb.cat
▶ 지하철 : 드라사네스 Drassanes

카탈루냐 주청사 26 G5

Plaça Sant Jaume
www.gencat.cat/generalitat
▶ 지하철 : 하우메 I Jaume I

크리스토퍼 콜럼버스 1451~1506

아메리카를 발견하고 바르셀로나로 돌아온 탐험가

콜럼버스는 인도로 가는 항로를 찾으려 했고 세계를 변화시켰다.

바르셀로나인들은 고국으로 돌아온 그를 열렬히 환영했다. 지금 그는

기둥 위에서 고행하던 성자들처럼 높은 기둥에 서서 먼 바다를 가리킨다.

새파란 하늘에서 찬란한 햇살이 바르셀로나항을 비춘다. 때는 1493년 4월 2일 오전, 2개의 돛을 달고 항구로 들어오는 캐러벨 선 핀타 호를 향해 수많은 어선과 작은 배들이 노 저어 간다. 핀타 호는 당시로서는 큰 범선이었다. 아이티 앞바다에서 조난당한 산타 마리아 호만큼 크지는 않았지만 무게 75톤에 길이 24미터, 폭이 7미터에 달했으며 선원 26명과 짐을 잔뜩 싣고 있었다.

선장이 해변을 바라본다. 파우 거리 앞쪽 부두에 엄청난 인파와 영접 위원들이 북을 치고 팡파르를 울리며 붉은 카펫을 깔아 놓고 그를 기다리고 있다. 그 앞에 놓인 2개의 왕좌에는 가톨릭 부부왕인 카스티야의 이사벨 1세와 아라곤의 페르난도 1세가 앉아 있다. 17년 전에 결혼한 41살 동갑내기 부부왕은 700년이 넘는 긴 세월 동안 그라나다를 지배하던 아랍인들을 6개월 전에야 드디어 이베리아 반도에서 영원히 내쫓았다.

전쟁으로 텅 빈 국고를 채우기 위해 부부왕은 카탈루냐의 부유한 상인

맷사람 크리스토퍼 콜럼버스. 그가 태어난 이탈리아의 고향에서는 그를 크리스토포로 콜롬보라 부른다. 1825년에 그린 일러스트.

들을 찾아갔다. 페르난도 1세는 아라곤의 왕일 뿐 아니라 바르셀로나의 백작이기도 했기 때문이다. 마침 핀타 호의 선장 역시 재정적 후원자들인 왕들에게 지난 항해의 성과를 보고하고 다음 탐험의 투자를 청하려면 부유한 항구 도시가 적당한 장소라고 생각했다. 그래서 팔로스 항구에 도착

아메리카를 발견한 콜럼버스가 이사벨 여왕과 페르난도 왕에게 보물을 보여 준다. 빅토르 A. 셜즈의 작품이다.

한 다음 핀타 호를 타고 바르셀로나로 달려온 것이다.

크리스토퍼 콜럼버스는 부부왕보다 1살 많았다. 그가 핀타 호에서 밧줄 사다리를 타고 작은 배로 옮겨 탄 후 거대한 조선소 드라사네스 레이알스G7 옆 방파제의 넓은 계단을 올라 부부왕 앞에 무릎을 꿇자 두 사람은 일어서서 무사히 돌아온 그를 포옹했다. 그 누구도 콜럼버스가 발견한 땅이 인도와 중국이 아니라 신대륙 아메리카라는 사실을, 미래의 식민지가 될 바하마 제도와 쿠바, 지금의 아이티에 해당하는 히스파니올라 섬과 도미니카 공화국이라는 사실을, 짐작조차 하지 못했다.

궁신들과 카탈루냐의 귀족들이 박수를 쳤다. 모두가 배에 무엇이 실렸는지 궁금해 죽을 지경이었다. 1493년 4월 3일, 콜럼버스가 고관들과 깃발을 흔드는 장교들을 앞세우고 항구를 출발해 몰 데 보쉬Moll de Bosch를 따라 행진했고 라이에타나 거리를 지나 오르막을 올라 왕의 광장Plaça del Rei

^{G5}까지 걸어갔다. 선원들이 옥수수, 감자의 일종인 마메스, 알로에, 야자 열매, 담배를 가득 채운 자루를 들고 그를 따랐다. 행렬 맨 끝에서 코걸이와 귀걸이를 한 6명의 인디언이 끌려가는 모습을 본 군중들의 입에선 감탄사가 터져 나왔다. 6명 모두 남자였다. 카리브에서 끌고 온 여자들과 아이들은 항해 도중 열병으로 모두 목숨을 잃었기 때문이다.

웅장한 대성당이 보이자 콜럼버스는 성호를 3번 그었고 로마식 성벽에 둘러싸인 왕궁으로 들어섰다. 6개의 초대형 반원형 아치를 자랑하는 티넬 연회장에서 그는 부부왕에게 향신료, 앵무새, 뱀 껍질, 담뱃잎, 자수품 등 가져온 보물들을 보여 주었다. 부부왕은 그를 '대서양 제독'과 카리브 총독으로 임명했다. 콜럼버스가 탐험을 떠나기 전 지난한 협상 끝에 합의한 사항이었다. 마침내 모두가 진심으로 기다리던 물건이 소개되자 홀 안에 탄성이 넘쳤다. 인디언들의 황금 장신구와 작은 황금 덩어리 몇 개, 그리고 금이 박힌 돌이었다.

금은 어디로? 돈은 어디로?

이게 전부인가? 금덩어리는? 콜럼버스는 다음 여행에서 황금과 인질들을 스페인으로 데려오겠다고 맹세했다. 하지만 그 약속은 지켜지지 못했다. 황금이 많은 멕시코와 페루가 스페인의 식민지가 된 것은 나중의 일이다. 콜럼버스는 1492년부터 1504년까지 총 4번에 걸쳐 아메리카에 다녀왔다. 그 과정에서 수천 명이 목숨을 잃었다. 희생당한 이들은 대부분 인디언들이었다. 그리고 9척의 배를 잃었다. 그 때문에 스페인에서는 천재 뱃사람이라는 그의 신화가 크게 흔들렸다. 콜럼버스는 평생 돈에 쪼들리며 살지는 않았지만 기대했던 만큼의 부자가 되지는 못했다. 후원 자금을 두고 스페인 왕실과 끝없는 실랑이를 벌이다 지친 그는 체념하고 바야

돌리드에서 칩거했고 1506년 5월 20일, 55살의 나이로 세상을 떠났다. 몇몇 역사학자들은 사인이 당뇨병이라고 주장했지만 신대륙에서 옮은 매독 때문이라고 주장하는 학자들도 있다.

그 후 그의 시신이 겪은 방랑은 평생을 한곳에 뿌리내리지 못했던 인생의 비유로도 읽힌다. 콜럼버스는 일단 세비야에 매장되었다. 하지만 1542년 아들 디에고가 아버지의 시신을 현재 도미니카 공화국의 수도인 산토 도밍고로 옮겨 간다. 콜럼버스가 발견한 히스파니올라 섬의 남동쪽에 자리한 곳이다. 1795년까지 그곳에 묻혀 있던 유골은 섬이 프랑스의 식민지가 되자 쿠바의 아바나 대성당으로 갔다가 1898년에야 다시 세비야로 돌아와 영원한 안식에 들었다.

또 하나의 역사의 아이러니가 있다. 가톨릭 부부왕은 콜럼버스가 첫 번째 아메리카 탐험에서 돌아온 직후 세비야를 신대륙 무역 독점 항구로 결정한다. 그 조치로 지중해 최고의 해상 권력이던 바르셀로나가 이후 300년 동안 큰 피해를 입었다. 그사이 카탈루냐 왕국은 해체되었지만 백작령으로 계속 유지되었다. 그러다 마침내 카디스에 이어 1778년 바르셀로나가 세비야의 독점권을 무너뜨렸고, 다시 식민지 무역과 해운을 통해 엄청난 부를 쌓게 된 카탈루냐의 대상들은 위대한 탐험가 크리스토퍼 콜럼버스를 기억하고 기렸다. 민족적 자부심이 강한 바르셀로나의 대 부르주아들은 콜럼버스가 이탈리아 제노바에서 태어나긴 했지만 원래 카탈루냐 사람이라고 믿었고 그 사실을 널리 알리고 싶었다.

그리하여 그들은 1888년 제1회 만국박람회를 기념해 1493년 콜럼버스가 아메리카 탐험을 마치고 바르셀로나에 처음 발을 디딘 바로 그 자리에 콜럼버스 기념탑**[21]** G/H6을 세웠다. 람블라스 거리의 남쪽 끝에 서 있는 높이 53미터 대좌 위 6미터의 청동상으로 총 높이가 거의 60미터에 달

콜럼버스 기념탑. 파우 광장의 날씬한 기둥 위에 선 콜럼버스가 저 멀리 바다를 가리키고 있다.

해 전 세계 64개의 콜럼버스 기념탑 중에서 가장 높다. 1888년 제막식 때
는 콜럼버스의 발치에 펼쳐진 콜롬 거리가 전깃불로 환하게 빛났다.

하지만 1947년 5월 17일, 하마터면 그 전깃불이 모두 꺼질 뻔한 일이
있었다. 독재자 프란시스코 프랑코가 11시경 바르셀로나 항구에 정박한
순양함 미구엘 데 세르반테스를 걸어 나왔다. 공화주의 전통이 강해 그를
반기지 않는 바르셀로나에서 오픈카를 타고 퍼레이드를 할 예정이었다.
퍼레이드 행렬이 콜롬 거리와 라이에타나 거리를 지나 오르막을 올라 대
성당으로 이어졌다. 콜롬버스 기념탑 발치 사자상 곁에 정렬한 군중과 박
수 부대 틈으로 사제 폭탄이 든 서류 가방을 겨드랑이에 낀 무정부주의자
도밍고 이바르스가 끼어들었다. 하지만 프랑코가 천천히 그곳을 지나가
는 순간 꽃다발을 든 초등학생들이 달려나왔다. 이바르스는 하는 수 없이
폭탄을 다시 가방에 집어넣었다.

곳곳에 남아 있는 콜럼버스의 흔적들

1994년까지 콜럼버스 기념탑 앞쪽 항구에는 영화 촬영을 위해 실물 크기로 제작한 기선 '산타 마리아 호'가 떠 있었다. 진짜 산타 마리아 호는 1492년에 아이티 앞바다에서 좌초당했지만, 500여 년 후에 제작된 이 모형은 화재로 침몰했다. 그래도 위대한 탐험가의 기념탑 주변에는 여전히 볼거리가 많다. 기념탑 자체가 바르셀로나와 이 도시의 개성을 어느 정도 보여 준다. 무엇보다 마드리드 중앙 정부를 향한 카탈루냐 후원가들의 소심한 복수가 눈에 띈다. 콜럼버스가 카스티야와 스페인의 수도를 등진 채 오른팔을 쭉 뻗어 바다 쪽을 가리키고 있으니 말이다.

기둥 내부의 엘리베이터를 타고 위로 올라가면 지구 모양의 전망대가 나온다. 그곳에 서면 최고의 전망이 펼쳐진다. 몬주익 언덕으로 올라가는 케이블카가 근처에 있고, 고전주의 양식의 인상적인 세관 건물도 기념탑의 이웃이다. 여기서 역사는 현대와 맞닿는다. 1992년 올림픽 개최를 계기로 항구가 알아보지 못할 정도로 변신한 데다 바다 쪽으로 한 걸음 더 나아갔기 때문이다. 물결 모양의 목조 다리 람블라 데 마르^{Rambla De Mar}를 건너면 복합 쇼핑몰 마레마그눔^{Maremagnum}이 나타난다. 쇼핑몰에는 아쿠아리움, 쇼핑센터, 해산물 레스토랑, 술집 등이 있다.

그곳에서 서쪽으로 족히 100미터 거리에 드라사네스 레이알스가 있다. 14세기 카탈루냐의 해상 권력이 전성기를 구가할 당시 갤리선과 범선을 찍어내다시피 한 왕실 조선소였다. 당시로서는 지중해 최대 규모의 조선소로 동시에 최대 30척의 배를 건조했다고 한다.

거대한 아치형 지붕을 머리에 인 고딕식의 여러 홀에는 복원을 거쳐 현재 바르셀로나 해양박물관이 들어서 있다. 왕실 갤리선 '라 레이알'의 실물 크기 모형만으로도 홀 하나가 가득 찬다. 1571년 10월, 돈 후안 데 아우스트리아 사령관이 이끄는 기독교군의 함대는 이 배를 기함으로 삼아 레판토 해전에서 오스만 제국의 해군을 크게 무찔렀다.

마지막으로 우리는 콜럼버스의 흔적을 따라 왕의 광장의 왕궁까지 걸어가 본다. 람블라스 거리를 따라 걷다가 오른쪽으로 꺾은 다음 고딕 지구를 통과하고 바르셀로나 대성당을 지나 왕의 광장으로 향한다. 이 도시에서 가장 아름다운 역사의 현장, 카탈루냐 예술가들의 여름 콘서트가 열리는 마법의 장소다. 눈앞에 웅장한 감시탑 마르티 왕의 망루^{Mirador del Rei Martí}와 고딕식 파사드와 르네상스식 안마당이 아름다운 팔라우 델 요크티넨트^{Palau del Lloctinent}가 보인다.

이 멋진 광장의 하이라이트는 고딕식 티넬 대연회장이 있는 팔라우 레이알 마요르^{Palau Reial Major} **29** G5다. 그 연회장에서 1493년 콜럼버스가 가톨릭 부부왕에게 첫 아메리카 탐험의 수확물을 소개했다. 콜럼버스가 세상에 이렇게 엄청난 변화를 몰고 올 줄은 그때까지만 해도 누구도 짐작하지 못했다.

콜럼버스 기념 탑 **21** G/H6
Passeig de Colom 25
▶ 지하철 : 드라사네스 Drassanes

팔라우 레이알 마요르 **29** G5
Plaça del Rei
▶ 지하철 : 하우메 I Jaume I

일데폰스 세르다 이 수니에르 1815~1876

미래 도시 에이샴플레를 설계한 이상주의 도시 설계사

세르다는 미래 도시를 설계했다. 광활하고 미적이며 인간적인,
모두가 행복하게 살 수 있는 아름다운 유토피아를 꿈꿨다.
그의 설계 덕분에 바르셀로나는 아주 특별한 도시가 되었다.

의심을 담은 눈빛, 일데폰스 세르다는 지팡이를 짚고 수염을 길게 길렀
다. 쉽게 다가가기 어려운 인상. 시립 미술관의 그림 속 그는 까다로운 사
람처럼 보인다. 하지만 사실 일데폰스 세르다 이 수니에르는 개미처럼 부
지런히 일하고 귀신에 씐 사람처럼 선을 그려댔던 말라깽이였다. 직선,
직각, 넓은 대각선, 거기에 지형학적 요인들까지, 그의 손을 거친 종이에
서 정교한 예술 작품이 탄생했다. 1859년의 작품에는 카탈루냐 주의회의
직인과 바르셀로나 백작의 인장이 찍혀 있다. 물론 그가 남긴 최고의 작
품은 단연 '에이샴플레'다. 에이샴플레는 확장, 증축, 확대를 의미하는 카
탈루냐 말이다. 그의 설계도가 실현된 곳은 바로 19세기 후반 구시가지
위쪽에 탄생한 인구 80만의 신도시 에이샴플레다. 이곳은 지금도 바르셀
로나에서 가장 화려한 지역이다.

　당시 스페인 최대 규모였던 이 신도시는 1860~1900년 사이의 산업 발
전과 폭발적인 인구 증가로 고통받던 바르셀로나를 부르봉 시대의 협소

건축 기사이자 도시 설계사인 일데폰스 세르다 이 수니에르. 라몬 마르티 알시나(1826~1894)가 그 린 초상화다.

한 성벽에서 해방시켜 주었다. 또한 사회·경제적으로 불안한 상황에서 인간답게 살 수 있는 주거 단지를 건설해 주고자 했던 도시 설계사이자 몽상가 일데폰스 세르다가 신나게 꿈을 펼친 활동 무대가 되었다. 하지만 사회주의자였던 세르다의 낙관주의와 원대한 구상은 투기업자들과 카탈

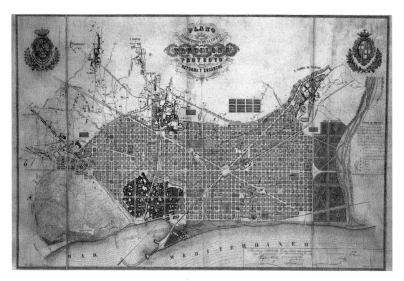

일데폰스 세르다가 그린 에이샴플레 설계도는 직선과 대각선이 어우러진 정교한 예술 작품이다.

루냐 정치가들의 방해로 원래의 뜻에서 크게 벗어났다. 다행히 훗날 가우디, 몬타네르, 카다팔츠 같은 최고의 모더니즘 건축가들이 화려한 유겐트 양식의 건축물을 지어 에이샴플레를 다시금 세계 유일의 종합 예술 작품으로 거듭나게 했다.

1815년 12월 23일, 세르다는 바르셀로나 센테예스에서 태어났다. 아버지는 진보적인 카탈루냐 남성으로, 식민지 무역으로 돈을 번 '인디아노' 혹은 '쿠바노'였다. 식민지 무역으로 부자가 된 사람들을 당시 사람들은 그렇게 불렀다. 세르다는 18살이 되던 해 바르셀로나 대학에 입학해 건축, 수학, 조선을 전공했고, 부전공으로 철학과 미술까지 공부했다. 1841년 도로 건설 엔지니어 자격을 얻으며 대학을 졸업한 그는 1844년 아버지가 돌아가시고 유산을 물려받자 건축 사무소를 차렸다.

세르다는 19세기 중반 바르셀로나의 문제점을 정확히 꿰뚫고 있었다.

마드리드의 왕실은 카탈루냐 도심의 발전과 확장을 원치 않았다. 바다를 출발해 라발, 고딕, 안틱, 리베라 지구를 돌아 카탈루냐 왕궁으로 올라가는 구시가지 성벽이 도심의 확장을 가로막았기에 20만 명이 넘는 사람들이 좁은 골목과 작고 쾌적하지 못한 집에서 살아야 했다. 인구 밀도가 0.5헥타르당 350명 꼴로 파리의 2배였으며, 세르다의 계산에 따르면 1인당 주거 면적이 불과 5제곱미터밖에 되지 않았다. 하수 시설과 위생 설비도 엉망이어서 콜레라와 티푸스 같은 전염병이 창궐했다. 게다가 좁은 땅에서 조선소와 방직 공장들이 면적을 넓혀갔다. 노동자들은 비인간적인 착취, 가난과 기아에 허덕였다. 1854~1856년에 들어서자 상황은 더욱 악화되었다. 연일 시위가 벌어졌고 성난 군중이 경찰을 공격하는가 하면 부자들에게 총알이 날아들기도 했다. 대부르주아지들은 공포에 떨었고 마드리드도 한 발 물러서 구시가지 성벽의 철거를 허용했다.

바야흐로 일데폰스 세르다의 시대가 찾아온 것이다. 그는 카탈루냐의 경쟁자들을 누르고 도시 건설의 입찰을 따냈다. 그리고 자녀가 있는 가구와 없는 가구, 실업자, 수입 구조, 사회적 욕구, 평균 기대 수명, 예상되는 이주민 숫자 등을 계산해 포괄적인 사회정책적 통계 자료를 작성했다. 그리고 통계 자료를 바탕으로 1860년부터 '세르다 계획'을 실행했다.

혁명적인 도시 설계

세르다가 계획한 에이샴플레는 빈민촌도 부촌도 아니었다. 거주민 모두에게 가스 설비와 하수 시설의 혜택이 돌아갔다. 안마당에는 정원이 있고 야자나무와 아카시아 나무가 늘어선 넓은 가로수길이 있는 주택 단지였다. 대지 매입자들은 녹지와 넓은 도로, 광장의 지분까지 값을 치러야 했다. 하지만 상인들은 모든 블록 사이사이에 20미터 폭의 넓은 도로를 넣는 것은 쓸데없는 낭비라고 생각했고, 그라시아 거리$^{Passeig\ de\ Gràcia\ E3}$에 나무를 넉 줄로 심겠다는 계획을 죄악이라고 주장했다. 은행가, 상인, 부동산 중개인들이 점령한 시의회는 당연히 이 '공산주의자'의 도시 계획을 무산시키려 했다. 하지만 마드리드가 세르다의 손을 들어 주었다.

덕분에 세르다는 도시 계획을 실천에 옮겼다. 옛 성벽이 있던 자리에 넓은 도로를 만들어 구시가지를 빙 둘렀다. 그 도로가 지금의 '론다스$^{Ron-das}$'다. 그곳에서 북서쪽 티비다보 산 방향으로는 지금의 람블라 데 카탈루냐$^{Rambla\ de\ Catalunya}$ **31** E4를 따라 마차가 다니는 길 하나와 철도 노선 하나만 놓았다. 이 노선은 사리아, 산 헤르바시, 그라시아, 오르타 마을의 부유층 여름 별장으로 이어진다. 론다스와 부유층 여름 별장으로 가는 가운데 땅은 큰 돌투성이 빈터였다. 이 9제곱킬로미터의 땅에 바둑판 모양의 눈금을 그려 블록들을 만들었다. 총 550개의 정사각형 블록이 들어가고, 각 블록의 크기는 사방 모두 정확히 113.33미터며, 각 모서리는 90도 직각이 아닌 8~10미터 길이만큼 45도로 비스듬하게 디자인했다. 카탈루냐어로 '샴프란즈'라고 부르는 사선의 모퉁이 덕분에 지금까지도 보행자는 더 넓은 공간을, 운전자는 더 넓은 시야를 확보할 수 있다. 이 거대한 지구 전체를 단 하나의 대각선 도로가 동서로 가로지른다. 디아고날 거리$^{Avinguda\ Diagonal\ A3-H1}$는 지금까지도 에이샴플레 지구를 양방향으로 잇는 주 교통로다.

에이샴플레, 부자 동네가 되다

세르다의 혁명적인 설계도에선 에이샴플레의 모든 블록이 4층 높이 이상 올라가지 못하며 각 블록마다 푸른 안마당을 조성했다. 빵집, 구둣방, 목공소, 잡화상, 양초 공방은 가까이 붙어서 1층에 가게를 내게 했다. 하

바르셀로나의 항공사진. 지금까지도 세르다가 그린 에이샴플레 설계도에서 크게 바뀐 것이 없다.

지만 1865년부터 신도시가 신흥 부자들을 자석처럼 끌어들이자 가격이 뛰기 시작했고 더불어 건물의 층수도 높아졌다. 에두아르도 멘도사^{Eduardo} ^{Mendoza}의 유명한 소설 《경이로운 도시La $Ciudad$ De Los $Prodigios$》(1986)의 독자라면 1888년 바르셀로나 만국 박람회가 열릴 즈음에 활약했던 탐욕에 찌든 투기업자 오노프레 부빌라를 잘 알 것이다. 또한 에이샴플레가 왜 부자들에게 각광받는 주거 지역으로 거듭난 것인지도 알 것이다.

19세기 말이 되자 에우세비 구엘 같은 대부호들이 유겐트 양식의 저택을 지어 식민지에서 벌어들인 돈을 과시했다. 아무리 돈이 많아도 마드리드의 왕실에선 카탈루냐 부호들을 그리 환영하지 않았다. 따라서 카탈루냐 부호들은 에이샴플레에 카사 아마트예르$^{Casa\ Amatller}$ **7** E3, 카사 바트요 $^{Casa\ Batlló}$, 카사 밀라$^{Casa\ Milà}$, 카사 예오 모레라$^{Casa\ Lleó\ Morera}$ 등 자신들만의 성을 짓고 화려한 거리를 조성했다. 그라시아 거리와 람블라 데 카탈루냐의 현란한 모더니즘 건물들은 예외 없이 커다란 창과 유리 베란다, 발코니를 자랑한다. 이곳에 들어오지 않는 사람의 회사 주식은 바르셀로나 주식 시장에서 곤두박질친다는 말이 돌 정도였다. 다행히 위대한 도시 설계사 세르다는 바르셀로나 상류층의 이런 꼴사나운 돈자랑을 보지 못했다. 1876년 8월 21일, 칸타브리아의 대서양 해변에 있는 한 요양원에서 돈 한 푼 없는 가난뱅이가 되어 눈을 감았기 때문이다. 한 역사학자는 그 이유를 세르다가 도시 설계비를 한 푼도 받지 않았기 때문이라고 주장했다. 세르다가 눈을 감는 순간, 그가 꿈꿨던 모두가 평등한 초록의 '미래 도시' 역시 함께 생명을 잃었다.

관광 명소가 된 에이샴플레

다행히 에이샴플레 지구는 스페인 내전의 피해를 전혀 입지 않았다. 하지만 독재자 프랑코가 1975년 세상을 떠날 때까지 바르셀로나는 화려했던 이 지구의 저택과 도로, 공원 보수 비용을 마련하지 못했다. 마드리드가 왕정 시대 못지않게 바르셀로나를 압박해 세금을 거둬 갔기 때문이다. 임대료 인상 상한선 규제도 에이샴플레의 몰락에 한몫 톡톡히 했다. 집은 허물어지고 우아한 유겐트 양식의 파사드들이 부서져 내렸으며 많은 주택이 사무실로 바뀌었다. 바르셀로나 시민들은 현대식 고층 건물이 즐비한 에이샴플레 북서쪽의 그라시아, 사리아, 페드랄베스, 오르타 마을로 이주했다. 다행히 1992년 올림픽을 위한 도시 재정비 구역에 에이샴플레도 포함되었다. 40곳의 파티오스^{Patios, 안뜰}에 다시 정원을 조성했고 모더니즘 저택의 파사드를 보수했다. 현재 에이샴플레 지구에는 약 40만 명이 살고 있다. 거리에는 상점과 고급 식당, 술집이 가득하고 매일 수천 명의 관광객과 미술 및 건축 전공 대학생들이 카메라를 들고 이곳을 휘젓고 다닌다. 여름날 늦은 시각 보리수나무가 그늘을 드리우는 람블라 데 카탈루냐의 카페에 앉아 있으면 아름다운 여장 남자들의 패션쇼도 무료로 감상할 수 있다.

에이샴플레의 자랑인 그라시아 거리는 두 얼굴이다. 한편으로는 우아한 산책로이지만 또 한편으로는 원주민들을 점점 밖으로 내모는 차가운 자본의 거리다. 람블라스의 동쪽 고딕 지구와 안틱 지구를 수놓은 원주민들의 작은 옷 가게 맞은편에는 그라시아 거리를 점령한 화려한 명품 가게들이 늘어서 있다. 카탈루냐 광장에서 디아고날 거리까지 프라다, 구찌, 자라, 에르메스, 아르마니, 에스카다 등 명품 브랜드의 쇼윈도가 빛을 뿜고 임대료가 엄청난 광고판들이 번쩍이며 시선을 사로잡는다. 유겐트 양식 건축물 중에서도 가장 유명한 곳은 33~45번지로 은행과 보석 가게, 카탈루냐의 명품 브랜드 로에베가 입점해 있고, 맞은편에는 바스크식 타파스 레스토랑들이 늘어서 있다. 일데폰스 세르다가 꿈꾸었던 모습은 아니겠지만 현대인의 생활 방식을 고려한다면 이 또한 오늘날의 바르셀로나를 사람이 살 만한 곳으로 만들어 주는 풍경일 수도 있겠다.

람블라 데 카탈루냐 31 E4

Eixample
▶지하철 : 디아고날Diagonal, 파세이그 데 그라시아Passeig de Gràcia

카사 아마트예르 7 E3

Passeig de Gràcia 41
▶지하철 : 파세이그 데 그라시아 Passeig de Gràcia

에우세비 구엘 1846~1918

천재 건축가 가우디와 우정을 나눈 대 기업가

구엘은 엄청난 부를 지닌 기업가였고, 예술 후원자였으며,
사회주의 이념을 품은 자본가였다. 그는 막대한 자본을
미래의 비전과 천재 건축가에게 투자했다.

대 기업가와 그보다 더 위대한 예술가가 나누었던 평생의 우정, 돈과 천
재의 이야기! 무대는 바르셀로나, 주인공은 스페인 전 국왕 후안 카를로
스의 할아버지인 알폰소 13세에게 백작 작위를 받았던 시의원이자 기업
가이다. 그의 이름은 에우세비 구엘 이 바시갈루피다. 바시갈루피는 이탈
리아 제노바의 귀족이었던 어머니 집안의 성이다.

구엘이라는 인물을 이해하기 위해 우선 그의 선조와 19세기 그의 고향
을 살펴보자. 1765년, 스페인 국왕은 바르셀로나도 세비야 나 카디스처럼
스페인의 식민지 국가에 무역선을 보낼 수 있도록 허락했다. 덕분에 카탈
루냐의 상인들은 비단, 향신료, 담배, 노예무역으로 엄청난 부를 쌓았다.
이들을 일컬어 '인디아노' 혹은 '쿠바노'라 불렀고 에우세비의 아버지 호
안 구엘 역시 그들 중 한 사람이었다. 1848년 인구 과밀 문제가 심각했던
바르셀로나의 시정부가 현재의 바르샤 경기장 아래쪽에 위치한 당시의
산츠 마을과 요브레가트 강 중간의 대지를 공장 부지로 허가하자 호안 구

대자본가이자 몽상가였던 에우세비 구엘. 그는 돈으로 영원한 가치를 창조하였다.

엘은 강 바로 옆에 큰 필지를 사서 물이 많이 필요한 방직공장을 지었다.
그러나 호안 구엘의 공장 '엘 바포르 베이'는 안달루시아로부터 수십만의
노동자들을 끌어들였던 수많은 산업 시설 중 한 곳에 불과했다. 당시나
지금이나 콧대 높은 카탈루냐 사람들은 순박한 안달루시아 사람들을 '무

구엘 공원은 가우디가 설계하고 구엘이 자금을 댔다. 오늘날 이곳은 바르셀로나 시민과 관광객들이 반드시 들르는 관광 명소다.

어인', 즉 '북아프리카 이슬람인'으로 취급했다.

　그리하여 항구 지역과 산츠에 프롤레타리아 계급이 탄생했다. 그러나 바르셀로나의 신 노동자 계급에게는 선두에서 반자본주의 투쟁을 이끌 투사 프리드리히 엥겔스가 없었다. 강력한 노조도 없이 형편없는 임금에 시달리던 바르셀로나의 노동자들은 거리로 달려나가 약탈하고 방직 기계를 부쉈다. 1855년 총파업 때였다. 7월 2일, 시위대가 엘 바포르 베이 공장주 호안 구엘의 바로 눈앞에서 그의 동업자 두 사람을 살해했다. 놀란 호안은 8살짜리 아들 에우세비를 데리고 프랑스의 님으로 달아났고 그곳의 공원들을 산책하면서 아들에게 세계 정세를 설명해 주었다. 이 소요 사태 이후 호안 구엘은 다른 투자처를 찾았다. 철도 건설에 참여했고, 두르헬 운하 건설에 투자했으며, 카이사 은행의 전신인 카탈루냐 최대 은행의 은행장이 되었다. 1872년, 호안 구엘이 세상을 떠날 당시 구엘 가문은 어마어마한 자산가가 되어 있었다. 아버지 호안은 외동아들 에우세비에게 5백만 페세타가 넘는 재산을 남겼다. 오늘날 가치로 1억 달러 정도 되는 돈이었다.

당시 26살이었던 에우세비 구엘은 람블라 델스 카푸친스 30번지Rambla dels Caputxins 30 G6의 집에서 가족들과 함께 부족할 것 없는 생활을 했다. 하지만 어릴 때부터 빈부의 양날을 피부로 느끼며 자랐다. 물론 그 자신은 개인 과외를 받았고 가족 전용 마차를 이용해 페드랄베스의 별장을 오갔지만 자주 부모님 몰래 대문을 빠져나가 람블라스 거리의 양쪽에 늘어선 가난과 쓰레기, 혁명가와 거지, 매춘부들을 목격했다. 집에서 대각선으로 맞은편엔 카바레 유곽 '에덴 콘서트'가 있었다.

구엘은 날이 갈수록 사회 문제에 큰 관심을 보였다. 유산을 물려받자 바르셀로나에서 정치, 미술, 신학, 경제학을 공부했다. 그 후 런던과 파리로 건너가서 그 나라의 언어를 배웠고, 쿠바와 님에서 기업 경영의 실전을 익혔다. 가문의 재산과 함께 기업가 정신까지 물려받은 그는 조선과 강철, 시멘트, 가스 산업, 카이사 은행의 주식에 투자했다.

'세니'와 '라욱사'를 모두 담은 심장

사회 문제에 관심이 많고 신앙심이 깊었으며 견문이 넓고 인문주의 교양이 풍부했던 에우세비 구엘을 바르셀로나 사람들은 지금도 '몰트 세뇨랄Molt Senyoral'이라고 부른다. '세니'와 '라욱사', 즉 이성과 충동, 상식과 광기를 모두 담은 심장이자 귀인이라는 뜻이다. 그는 도시 최고의 예술 후원자였고, 자기 회사의 노동자들에게 법적, 경제적 안정을 보장해 주기 위해 노력한 정치적 몽상가였다.

1878년 파리 만국박람회, 위쪽에는 철제 장식이, 아래쪽에는 마호가니다리가 달린 3미터에 육박하는 유리장이 스페인관에 들른 구엘의 눈길을 끌었다. 구엘은 이 기묘한 작품을 만든 예술가가 누군지 물었고 그 직후 바르셀로나에서 작품의 주인을 만났다. 그가 바로 안토니 가우디였다. 당시 구엘의 나이 32살, 가우디는 26살이었다. 만나자마자 두 사람 사이에 불꽃이 튀었다.

둘은 함께 미사에 참석하고 사그라다 파밀리아 성당^{Sagrada Família} 39 G1의 공사 현장을 시찰했으며 마차를 타고 람블라스에서 페드랄베스의 구엘 별장^{Finca Güell}까지 50분 거리를 동행했다. 구엘은 항상 검은 실크해트를 쓰고 다녔다. 가우디는 무엇보다 구엘의 재력과 부자 의뢰인들을 소개해 줄 수 있는 넓은 인맥을 높이 샀다. 1884년 구엘은 가우디에게 몇 채의 부속 건물과 구엘 별장의 대문을 만들어 달라고 부탁하며 이렇게 말했다. "돈은 마음껏 써도 좋네. 아름답기만 하면 된다네."

가우디가 창조한 구엘 별장은 돈으로만 만든 작품은 아니다. 젊은 천재는 자신이 가진 창의적, 기술적, 예술적 노하우를 총동원했다. 모자이크 무늬가 가득한 담과 포물선 모양의 아치를 자랑하는 마구간, 8각형의 경비실은 독창적인 그의 초기 작품을 이야기할 때 반드시 손에 꼽는다. 디아고날 거리를 따라 서쪽 시 외곽 방향으로 달려 페드랄베스 거리 7번지^{Avinguda de Pedralbes 7}의 대문 앞에 서면 절로 입이 쩍 벌어질 것이다. 그곳에 화려한 색깔의 타일과 동화 같은 도자기 문양, 거대한 입과 활짝 펼친 날개가 위압적인 철제 용이 어우러진 환상적인 대문이 서 있기 때문이다. 문을 열면 지금도 용의 발톱이 움직인다. 마치 쥐라기 공원으로 들어가는 출입문 같다. 그러나 1990년대 디아고날 거리를 시 외곽으로 확장하면서 부지가 쪼개졌다. 현재 마구간은 바르셀로나 대학 소유로, 가우디 건축대학원 강의실로 사용되고 있다.

구엘 별장의 용문. 건축가 가우디는 이곳에서 자신의 역량을 마음껏 뽐냈고 에우세비 구엘은 불평 한마디 없이 모든 비용을 지불했다.

　에우세비 구엘은 가우디와 절친한 사이였지만 1885년에 계획한 새 저 택을 바르셀로나의 상류층들처럼 에이샴플레 지구에 짓지 않았다. 원래 살던 람블라스에 의리를 지켜 구엘 저택^{Palau Guell} 28 G6을 누데라람블라 거 리 3~5번지 부모의 집 옆 땅에 지어 달라고 의뢰한 것이다. 가우디는 요 새와 환상의 성을 기묘하게 뒤섞은 멋진 저택을 탄생시켰는데, 파사드 는 베네치아 궁전과 흡사하고, 2개의 큰 문을 따로 만들어 마차가 들락거 릴 수 있도록 했다. 건물의 중심은 3층 높이의 아랍 양식 홀로, 반구의 천 장은 마치 별이 총총한 하늘을 불러 온 듯한 착각을 일으킨다. 천장과 계 단에는 귀한 티크 목재를 썼고 욕실에는 빨간 대리석을 사용했으며 정교 한 장식의 철제 형상들이 모더니즘의 다양성을 잘 보여 준다. 이 저택은 1936년까지 구엘 집안 사람들이 살았다. 1936~1939년까지의 스페인 내전 동안에는 공화주의자들이 이곳을 병영과 감옥으로 사용한 탓에 무정부주의자들이 실내 장식들을 망가뜨렸다. 1945년부터 저택은 바르셀로나 시 소유가 되었고 현재는 유네스코 세계문화유산으로 지정돼 철저한 복원 작업이 진행 중이다.

가난한 사람들의 마을, 콜로니아 구엘

에우세비 구엘은 1910년까지 가족과 이 저택에서 살았지만 19세기 말 바르셀로나를 뒤흔들었던 사회적 소요 사태들에 무관심하지 않았다. 지역 방위 사령관 캄포스가 테러를 당했고, 오페라하우스 리세우 대극장에서 무정부주의자들이 폭탄을 던졌으며, 성체 축일 행렬마저 테러를 당하자 인문주의자 구엘과 가우디는 노동자 주택 단지를 구상하게 되었다. 그리하여 바르셀로나에서 서쪽으로 10킬로 떨어진 산타 콜로마 데 세르베요 마을, 요브레가트 강가에 늘어선 공장 건물들 옆에 1천 명 이상이 거주할 수 있는 주택과 유치원, 학교, 도서관, 병원, 마을 자체 성당을 갖춘 '콜로니아 구엘Colònia Güell'이 탄생했다.

저렴한 임대료는 월급에서 공제했고 물건은 교환권으로 협동조합 가게에서 구입할 수 있었다. 마을 한가운데에는 유네스코 세계문화유산으로 지정된 유명한 지하 성당을 포함하여 미완성 성당이 자리하고 있다. 비스듬한 기둥 모양, 나선형 아치, 기독교의 상징을 담은 장식들이 어우러진 기묘한 형체다. 콜로니아 구엘은 1970년대 방직 산업이 위기를 겪으면서 쇠락했고 현재는 박물관 마을로 사용되고 있다.

예술에 대한 열정과 사회 참여에도 에우세비 구엘은 본업을 잊지 않았다. 그는 1900년경 부동산 투자에 열을 올려 에이샴플레와 그라시아 지구 북쪽에 15헥타르의 넓은 대지를 매입해 60채의 호화 빌라 단지와 공원 건설 계획을 세웠다. 이번에도 가우디가 넘치는 상상력을 마음껏 발휘했다. 모자이크가 가득한 곡선 계단은 철제 대문에서 시작되어 도롱뇽 동상과 분수를 지나 도리스 양식 기둥의 테라스가 있는 건물로 이어진다.

구불구불한 큰 벤치에는 다채로운 색깔의 유리 조각과 깨진 도자기의 모자이크가 빽빽하게 붙어 있어 흔히들 이것을 '최고로 예쁜 파편 무더기'라고 부른다. 거대한 동굴과 용의 조각상도 이 공원에 생기를 더한다.

하지만 필지 가격이 너무 높았고 구엘의 요구가 너무 까다로웠다. 집은 두 채밖에 안 팔렸고 구엘은 큰 손해를 입었다. 다행히 1922년 시에서 이 공원을 구입해 구엘 공원이라는 이름으로 일반에 공개했다. 지금도 공원 부속 건물들에서는 전설적인 팝 콘서트와 낭송회가 열린다. 화창한 주말이면 수많은 인파가 동화의 공원을 거닐며 이 공원을 만든 두 남자 에우세비 구엘과 천재적인 건축가 안토니 가우디를 기억한다.

구엘 공원

Carrer d'Olot

www.parkguell.cat

▶지하철 : 레셉스 Lesseps

구엘 저택 28 G6

Carrer Nou de la Rambla 3 ~ 5

www.palauguell.cat

▶지하철 : 리세우 Liceu

콜로니아 구엘

Calle Claudi Güell

▶에스파냐 광장Plaça Espanya에서 출발하는 S3번 고속버스

안토니 가우디 1852~1926
꿈을 실현한 천재 건축가

Antoni Gaudí

가우디는 꿈을 지었고 들끓는 상상력을 돌에 불어넣었다.
세상에서 가장 독창적인 건축가였던 그는 기묘한 공원과 저택들,
외계인의 사원과 닮은 성당을 창조하였다.

그는 항상 검소한 차림에 기인의 분위기를 풍겼다. 낡은 검은색 양복에
흰 셔츠를 입은 이상한 남자는 아침 미사가 끝나면 람블라스 거리를 따라
에이샴플레를 통과하고 포블레트 지구까지 걸어갔다. 류머티즘으로 통
증이 너무 심한 날엔 가끔 나귀를 타기도 했다. 많은 사람들이 그를 굶주
린 거지라고 생각했다. 펠트 천에 고무 밑창을 깐 슬리퍼를 발에 꿴 그는
마치 넋이 나간 사람 같았다. 친구들도 그를 우울한 사람이라고 생각했
다. 1909년부터 그는 거의 매일 공사 현장으로 갔다. 한창 경제 붐이 일고
있는, 이제 막 현대화의 물결에 휩쓸린 지중해의 수도 바르셀로나에서도
가장 대규모였던 공사 현장으로.

　1914년 여름에는 시간을 절약하기 위해 아예 공사 현장 바로 옆에 임
시 숙소를 지었다. 겨울에는 너무 춥지만 여름에는 기분 좋게 서늘한 가
건물이었다. 평생을 독신으로 산 기인 건축가는 1893년에 시작된 끝없는
건축사에 그렇게 한 걸음 더 다가갔다. 또한 성당에 후원금을 낸 기독교

신앙심 깊었던 건축가 안토니 가우디. 그는 첫사랑에 실패한 후 평생 독신으로 살았다. 1882년에 찍은 사진.

인들과 신흥 부자들이 현장에 들르면 언제라도 즉석에서 작업 현황을 설명해 줄 수 있었다. 이게 다 무슨 소리일까? 바로 바르셀로나에서 가장 제멋대로였던 천재 건축가 안토니 가우디와 그의 위대한 작품에 대한 이야기이며, 가우디가 1926년 눈을 감는 순간까지 종교적 강박처럼 밀어붙였

가우디의 주요 작품인 사그라다 파밀리아는 아마도 세계에서 가장 특이한 성당일 것이다. 2095년에 완공될 예정이다.

던 '성 가족 성당' 사그라다 파밀리아^{Sagrada Família} 39 G1에 관한 이야기이다.

바르셀로나에서 남쪽으로 약 100킬로미터 떨어진 시골 마을에서 자란 가우디의 유년 시절은 평온했다. 1852년 6월 25일, 그는 수공업자 가문에서 태어났다. 할아버지는 도공이자 솥과 냄비를 만드는 장인이었고 아버지는 구리 세공 장인이었다. 그 때문인지 훗날 가우디는 공간감과 형태에 대한 감각을 집에서 배웠노라고 회상했다. 병약했던 가우디는 일찍부터 자연을 벗삼았다. 훗날에는 의사의 충고를 듣고 등산협회 회원이 되기도 했다. 그래서 가우디의 모든 작품에는 동물과 식물 등 자연이 담겨 있다.

20살이 되던 해 가우디는 바르셀로나에서 건축 공부를 시작했다. 1878년 3월 15일, 졸업식에서 엘리에스 로젠트 교수는 졸업장을 건네며 이런 말을 덧붙였다. "우리가 졸업장을 미치광이에게 주는 건지 천재에게 주는 건지 누가 알겠나. 시간이 말해 주겠지."

　그가 처음으로 의뢰받은 레이알 광장$^{Plaça Reial G6}$의 철제 가로등 2개에는 이미 동물과 식물 왕국에서 온 환상적인 형상들이 넘쳐난다. 그 후로도 조각상과 대문 같은 소소한 일거리가 들어왔다. 그라시아 지구 카롤리네스 거리 24번지의 카사 비센스$^{Casa Vicens C1}$는 1883년에 작업한 가우디의 첫 작품으로, 정교한 기술자이자 계산에 철저했던 그의 면모가 유감없이 발휘된 작품이다. 건축주는 돈 많은 타일 제조업자 마누엘 비센스였다. 가우디는 도자기 제품의 자투리를 활용했고 광택제를 바른 타일로 다채로운 건물 표면 처리법을 개발했다. 타일로 빨강, 터키 블루, 초록의 아랍적이고도 동양적인 문양을 만들어 카사 비센스의 3면을 채웠으며 건축주가 자기 회사를 홍보할 수 있도록 거대한 광고면도 만들어 주었다. 광고면은 그 어떤 광고 포스터보다도 효과가 좋았다. 이처럼 투자 대비 효과를 높이는 손익 계산 능력, 넘치는 모더니즘적 창의성과 카탈루냐 방식의 유겐트 양식은 신흥 부자 상인들 사이에서 큰 호응을 얻었다. 안 그래도 바르셀로나의 부자들이 도시 설계사 일데폰스 세르다가 설계한 우아한 신도시 에이샴플레 지구에 화려한 건물을 지어 부를 과시하려고 안달이 난 상황이었다. 가우디는 밀려드는 주문에 눈코 뜰 새가 없었다.

　일생 동안 자신을 후원한 에우세비 구엘을 위해 가우디는 1885년 누데 라람블라 거리 초입 람블라 델스 카푸친스의 모퉁이에 구엘 저택$^{Palau Güell}$ 28 G6을 지었다. 이 저택은 물론이고 페드랄베스 거리의 구엘 별장 부속 건물들에서도 가우디는 기하학의 법칙을 깡그리 무시하고 철제 용龍문과 포물선 모양의 아치형 창문, 미로처럼 뒤엉킨 기둥들, 모자이크가 풍부한 3층 높이의 돔 천장 등을 마음껏 실험했다.

　하지만 가우디의 작품 중에서 가장 아이디어가 번쩍이는 곳은 구엘 공원이다. 그는 1900년 당시 공터에 불과했던 올로트 거리의 15헥타르 대지에 공원을 조성했다. 알록달록 타일로 만든 실물 크기의 도마뱀이 물을 뿜고, 모자이크로 장식한 뱀이 쉬었다 가라고 손짓한다. 도리스식 부속 건물들이 특히 인상적인 구엘 공원은 세계문화유산에 등재되어 바르셀로나 사람들이 즐겨 찾는 주말 놀이터가 되었다.

가우디는 유겐트 양식의 또 다른 두 스타 건축가 호셉 푸이그 이 카다 팔츠Josep Puig i Cadafalch와 유이스 도메네츠 이 몬타네르Lluís Domènech i Montaner와 의 경쟁에서도 알레고리 형식의 진정한 장인임을 입증했다. 1904년, 가우디는 방직 공장 주인 주제프 바트요에게 카사 바트요Casa Batllo 8 E3를 지어 주었다. 용을 물리치고 공주를 구한 바르셀로나의 수호성인 산트 조르디의 전설에서 영감을 얻어 지었다고 한다. 파사드는 마치 산트 조르디가 사는 동굴처럼 신화적인 분위기다. 카사 바트요는 현재 명품 패션 매장이 즐비한 그라시아 거리Passeig de Gracia 43번지에 기묘한 두 저택 카사 아마트예르Casa Amatller 7 E3, 카다팔츠의 작품으로 41번지와 카사 모레라Casa Morera, 몬타네르의 작품으로 35번지를 벗삼아 나란히 서 있다. 환상적인 이 세 저택을 두고 흔히들 '만사나 데 라 디스코르디아manzana de la discordia', 즉 '불화의 블록'이라고 부른다. 물론 세 저택 모두 대표적인 모더니즘 건축물이다.

환상의 채석장 카사 밀라

환상적인 세 저택을 능가할 작품은 오직 하나뿐이다. 흔히 채석장이라는 뜻의 '라 페드레라'로 불리는 가우디의 작품 카사 밀라Casa Milà 9 E2다. 이 건물은 그라시아 거리 92번지에 있으며 지금까지도 세계에서 가장 환상적인 건축물로 손꼽힌다. 바위와 흡사한 실루엣, 불규칙적으로 서로 뒤엉킨 물결 모양의 발코니, 산호처럼 생긴 철제 장식은 종유석 동굴과 거친

벼랑을 떠올리게 한다.

수많은 채색 도자기 조각들로
장식된 카사 밀라 옥상의 작은 탑
들은 굴뚝과도 비슷하다. 인상적
인 옥상의 조각상들은 어린아이
가 만든 모래성처럼 부드럽게 휘
어진 것이 마치 달팽이 혹은 팽이
처럼 생겼다. 1906년에 지은 이
저택은 시대를 앞서는 가우디의
혜안을 확인할 수 있는 작품이기도 하다. 가우디는 남들보다 앞서 지하
주차장을 만들기도 했다.

가장 독창적인 작품 카사 밀라는 가우디가 지은 마지막 호화 저택이다.
그 후 가우디는 오직 사그라다 파밀리아 성당에만 몰두한다. 1883년 가
장 보수적인 가톨릭 교단이 가우디의 종교적 열의와 그의 빛나는 파란 눈
을 이유로 성당 건축을 의뢰했다. 하지만 공사는 25년 동안 지지부진하게
진행됐다. 부자들의 저택을 짓는 쪽이 수익이 더 높았기 때문이다. 하지
만 바르셀로나의 부자들이 점차 눈에 거슬리기 시작한 가우디는 1909년
부터 오직 사그라다 파밀리아 건축에만 온 마음을 쏟았다.

가우디는 최신 기술을 입체파적 예술 감각과 결합시켰다. 포물선과 쌍
곡선이 그의 생각을 지배했고, "인간은 2차원 세계를 움직이고, 천사는
3차원 세계를 움직인다. 그러나 건축가는 때로 자기 희생을 수없이 하고

오랜 고뇌를 겪은 다음에, 몇 초 동안은 천사가 움직이는 그 3차원을 볼 수 있다"고 말했다. 사그라다 파밀리아 성당 내부는 숲 속같이 설계되었다. 본당의 모든 기둥이 위로 가지를 치며 잎으로 뒤덮인 듯한 기하학적 무늬의 천장까지 뻗어 나간다. 아치형 문 위에는 천사들이 황동색의 트럼펫을 들고 떠 있다. 가우디는 전 재산을 이 성당에 투자했고 그것으로도 모자라 후원자들을 찾아다녔다. 그러나 바르셀로나의 시민 계급은 성당에 많은 돈을 기부하지 않았다. 그들은 사그라다 파밀리아 성당 건설이 유치한 헛수고라고 비웃었다. 고독한 그의 삶이 마침표를 찍었을 때 그가 완성한 것은 지하 성당과 성당 건물에 부속된 다각형 평면 공간인 아프시스, 탄생의 파사드, 그리고 설계한 18개의 탑 중 1개의 탑뿐이었다.

천재의 목숨을 앗아간 전차 사고

1926년 6월 7일, 가우디가 산트 펠립 네리 성당에서 아침 미사를 드리고 사그라다 파밀리아 성당 공사 현장으로 가던 길이었다. 생각에 푹 빠져 바일렌 거리Carrer Bailen G3와 만나는 그란비아 거리를 건너던 순간 달려오던 전차를 미처 피하지 못했다. 경찰은 의식을 잃은 가우디에게서 신분증을 발견하지 못했고 택시 기사는 거지 행색의 그를 거부했다. 뒤늦게 도착한 구급차가 가우디를 산타 크루즈 병원으로 데려갔지만 안타깝게도 사흘 후 숨을 거두고 만다. 그가 스페인 최고의 건축가인 가우디라는 사실이 밝혀졌고 그제야 온 도시가 그의 죽음을 애도했다. 그는 사그라다 파밀리아 성당의 예배당에 안장되었다.

미완성의 성당이 남았다. 수난의 파사드는 1990년에 와서야 완성되었고 현재까지 8개의 탑이 완성되었다. 모두가 성서의 내용을 예수의 탄생에서부터 그대로 담아낸 도자기 모자이크로 장식했다. 공사 중인 2개의 탑은 공사용 비계에 둘러싸인 채 마치 로켓처럼 하늘을 향해 뻗어 있다. 2095년이 되면 18개의 탑이 모두 완공될 예정이다. 12개는 12사도를, 4개는 4복음서를, 1개는 성모 마리아를 상징한다. 그리고 마지막 1개의 탑, 십자가에 못 박힌 예수를 상징하는 170미터 높이의 사그라다 파밀리아 성당의 최고봉은 가우디 사후 100주년에 완공될 예정이다. 그러나 가우디와 같은 종교적 열정가보다는 세속적인 후원자들의 돈과 매일 4천 명에 이르는 관광객의 입장료와 기념품 구입비로 충당될 미래의 작품이다.

가우디 거리를 따라 늘어선 카페에서 출발하건 마리나 거리 너머 가우디 광장 옆 작은 공원에서 출발하건, 지하 성당의 박물관과 가우디 무덤이 있는 대성당으로 들어가기 전 일단 밖에서 미완성의 성당이 뿜어낼 암시력을 마음속으로 한껏 그려 보자.

가우디 박물관

Carretera del Carmel 23A
www.casamuseugaudi.org
▶지하철 : 레셉스 Lesseps

사그라다 파밀리아 **39** G1

Carrer de Mallorca 401
www.sagradafamilia.org
▶지하철 : 사그라다 파밀리아 Sagrada Família

카사 밀라 **9** E2

Passeig de Gràcia 92
www.lapedrera.com
▶지하철 : 파세이그 데 그라시아 Passeig de Gràcia

카사 바트요 **8** E3

Passeig de Gràcia 43
www.casabatllo.es
▶지하철 : 파세이그 데 그라시아 Passeig de Gràcia

파블로 피카소 1881~1973
그의 모든 것은 바르셀로나에서 시작되었다

피카소는 20세기의 가장 위대한 화가였다. 풍요로웠던 삶의 끝자락에서 그는 말했다. "바르셀로나에서 모든 것이 시작되었다. 그곳에서 나는 내가 얼마나 나아갈 수 있을지 깨달았다."

1973년 프랑스 남부 무쟁에서 눈을 감기 직전, 91살의 파블로 피카소는 자꾸만 젊은 시절의 추억에 빠져들었다. 바르셀로나에서 보낸 그 시절이 그에게 성격적으로나 예술적으로 가장 큰 영향을 미쳤기 때문이다. 피카소는 1881년 10월 25일, 스페인 남부 도시 말라가에서 태어났다. 안달루시아의 수도에서 태어난 아들에게 아버지 호세 루이스와 어머니 마리아 피카소는 참으로 대단한 이름을 지어 주었다. '파블로 디에고 호세 프란시스코 데 파울라 후안 네포무세노 마리아 데 로스 레메디오스 크리스피아노 데 라 산티시마 트리니다드 루이스 피카소', 그런 이름을 가진 사람은 어쩐지 가톨릭적이고 전통을 존중할 것 같지만 우리는 피카소가 기독교나 국가의 가치는 물론이고 부모의 가치관조차 존중한 적이 없다는 것을 잘 알고 있다.

13살 되던 해인 1895년, 피카소는 부모와 함께 바르셀로나로 이사 와 1904년까지 그곳에서 살았다. 야망 넘치던 청색 시대의 화가로, 폭력은

건장한 체구, 집요한 시선, 1993년 만 레이가 찍은 파블로 피카소.

싫어하는 비정치적 무정부주의자로, 술에 취해 자기 과시에 여념 없던 젊은이로. 맨 마지막의 모습은 특히 모더니즘 예술가들의 단골 술집이었던 엘스 콰트레 가츠Els 4 Gats 12 G5에서 자주 마주치던 모습이었다. 바르셀로나의 보헤미안들은 피카소를 노력하는 천재로 추앙했다. 바르셀로나라

몬트카다 거리의 피카소 미술관. 이 중세의 건물엔 피카소의 유명한 작품이 많이 걸려 있다.

는 도시와 그곳의 예술에 깊이 감동한 피카소는 카탈루냐를 떠나온 직후 파리에서 〈아비뇽의 처녀들Les Demoiselles d'Avignon〉(1907)을 그렸다.

〈아비뇽의 처녀들〉은 프랑스 남부 도시의 여자들이 아니라 당시엔 가장 어두운 홍등가였지만 지금은 쇼핑의 메카로 거듭난 바르셀로나 옛 리베라 지구의 아비뇨 거리Carrer d'Avinyo H6가 낳은 회화적 결과물이다. 피카소가 살던 시절 아비뇨 거리에는 거지와 매춘부들이 넘쳐났다. 피카소의 활동 구역 역시 〈아비뇽의 처녀들〉의 거리였다. 이 작품은 그의 첫 입체파 작품으로, 입체파라는 신 미술 사조의 출발점으로 평가된다.

람블라스 거리의 동쪽에 자리한 유서 깊은 리베라, 고딕, 안틱 지구는 바르셀로나 대성당과 왕의 광장 둘레로 식당과 옷 가게, 향수를 불러일으키는 카페들이 늘어선 인기 관광 지역이다. 그러나 피카소의 부모가 바르셀로나로 이사를 올 당시만 해도 가난하고 비참한 곳이었다. 파업과 시위를 일삼는 노동자들, 노점상과 항구 노동자, 뚜쟁이, 매춘 살롱, 술집들은 피카소의 그림에 많은 영향을 미쳤다. 미술 교수이자 드로잉 선생님이었던 아버지는 1895년 이사벨 2세 거리에 있는 미술 학교 레이알 아카데미아 카탈라나 데 벨라스 아르테스 산트 호르디[Reial Acadèmia Catalana de Bellas Artes Sant Jordi J6]에 자리를 잡았다. 이 미술 학교는 중세 시대 상업 거래소였던 요자[Llotja, 미술아카데미]의 2층에 지금도 남아 있다. 피카소의 가족은 바로 미술 학교 옆 건물, 항구가 바라보이는 메르세 거리 3번지[Carrer de la Mercè 3 H6]의 널찍한 집에서 살았다.

미술아카데미의 교수였던 아버지

피카소는 13살 되던 해 아버지의 후광으로 아무 문제 없이 미술아카데미에 입학했다. 7살 되던 해부터 연필과 붓과 열정으로 그림을 그려 온 아이의 꿈은 화가였다. 그러나 1년이 지나자 바르셀로나 미술아카데미의 교수들이 그에게 더 가르쳐 줄 수 있는 것이 없었다. 그래서 피카소는 이젤을 들고 거리로 나가 풍경을 그림에 담았다. 〈엘 디반El diván〉(1899)처럼 그 시절에 탄생한 많은 작품들은 현재 바르셀로나의 피카소 미술관[Museu Picasso 25 H5]에 걸려 있다. 부모는 사춘기 아들에게 집에서 100미터 떨어진 플라타 거리 4번지[Carrer de la Plata 4 H5]에 밝은 아틀리에를 얻어 주었다.

천재 화가의 흔적을 쫓아 구 시가지를 걷다 보면 이후에 피카소가 사용했던 더 괜찮은 아틀리에들을 만날 수 있다. 1899년에는 에스쿠데예르스블란크스 거리[Carrer d'Escudellers Blancs G6]로, 1900년경에는 리에라 데 산트 호안 17번지[Riera de Sant Joan 17]로 화실을 옮겼고, 1902년에는 구엘 저택 바로 뒤 람블라스 거리의 건너편 누데라람블라 거리 10번지[Carrer Nou de la Rambla 10 G6]의 화실을 다른 화가들과 함께 사용했다. 그러다 1904년 다시 혼자 작업을 하기 위해 코메르크 거리 28번지Carrer del Comerç 28 H4로 화실을 옮겼다. 그곳에서 모퉁이를 돌자마자 큰 거리가 나온다. 바르셀로나는 독재자 프랑코가 세상을 떠난 후에서야 이 거리에 위대한 화가의 이름을 붙여 줄 수 있었다. 피카소 거리Passeig de Picasso는 구시가지와 시우타데야 공원Parc de la Ciutadella을 가로지른다. 시우타데야는 동물원과 현대미술관, 모더니즘의 천재 안토니 가우디가 만든 거대한 조각상들로 장식한 인공 폭포가 있는 공원이다. 공원 입구에 자리한 황금 성첩의 동화 같은 건물은 가우디의 최고 경쟁자 유이스 도메네즈 이 몬타네르가 1888년 만국박람회를 위해 설계한 작품이다.

파블로 피카소는 청년 시절 예술가 친구들과 어울렸다. 열심히 그린 목탄화들을 방탕한 술집에 걸어 두고 말도 안 되는 가격에 팔았다. 하지만 늘 돈이 없어 쩔쩔맸는데, 친구들과 밤마다 한잔하러 다닌 것도 돈이 부족한 이유 중 하나였다. 연애도 끊이지 않고 했다. 별로 잘난 것 없는 이 남자의 매력은 도대체 무엇이었을까? 연인이었던 페르낭드 올리비에는 훗날 피카소를 이렇게 표현했다. "매혹적인 구석이라곤 없었다. 하지만 이상하게 집요한 눈빛에 끌렸는데 마치 자석 같았다."

피카소는 19살에 이미 이름을 날렸다. 캔버스를 온통 파란색으로 물들였던 그의 청색 시대1901~1904년 작품을 장기 투자처로 평가한 몇몇 기업가도 있었다. 젊은 천재가 혼란했던 이 시기에 그린 우울한 분위기의 그림 〈압생트를 마시는 사람The Absinthe Drinker〉(1903)은 현재 상트페테르부르크의 에르미타주 미술관에 있다. 또한 〈기타 치는 노인The Old Guitarist〉(1903)은 시카고 미술관, 〈다림질 하는 여인Woman Ironing〉(1904)은 뉴욕 구겐하임 미술관을 장식하고 있다.

1900년, 그는 바르셀로나에서 첫 갤러리 전시회를 열었지만 단 한 점

피카소의 단골 술집이자 바르셀로나 무정부주의 예술가들의 모임터였던 엘스 콰트레 가츠.

밖에 팔지 못했다. 그 돈을 여비 삼아 화가 친구들이 사는 파리에 다니러 갔고 그곳에서 앙리 드 툴루즈 로트레크를 알게 되었다. 그는 피카소에게 지속적인 영향을 미친 인물이다. 하지만 피카소에게 더 큰 영향을 끼친 이들은 우아한 초상화가이자 그래픽 화가 라몬 카사스, 거리의 화가 이시드레 노넬, 미술 비평가이자 술집 주인 페레 로메우, 시인 하우메 사바르테스 등 역시나 바르셀로나에서 친하게 지낸 친구들이었다.

예술가들의 아지트, 엘스 콰트레 가츠

만남의 장소는 1896년 모더니즘 건축가 카다팔츠가 몬트시오 거리 3번지에 신 고딕적 요소를 섞어 화려하게 장식한 벽돌 건물의 카페 엘스 콰트레 가츠였다. 작가, 기자, 음악가, 배우, 신사, 화가, 몽유병 환자, 카페에 죽치고 앉아 시간을 때우는 백수들이 모여 함께 꿈을 꾸고 술을 마시며 데카당스와 도덕적 타락, 세계의 변혁을 주제로 토론을 벌였다. 주제가 무엇이든 돈만 밝히는 시민 계급이 항상 도마에 올라 비판의 칼을 받았다. 이곳은 또 낭독회나 피아노 콘서트, 무정부주의 강연회, 가면 무도회를 열어 바르셀로나 지식인들의 중심지 역할을 했다. 피카소 일당은 가족과 다름없었다. 이 미친 보헤미안들이 자기들끼리만 어울리고자 했기 때문이다. 콰트레 가츠란 '4마리 고양이'라는 뜻으로 '몇 명끼리만'이라는 뜻으로 해석될 수 있다. 이들은 카페의 벽을 자신들의 그림으로 도배했다. 손님들 전부에게 한 잔씩 돌리면 그림 한 점을 가져갈 수 있었다. 피카소는 자기 초상화를 걸어 놓았고 별난 손님이 있으면 바퀴 모양의 샹들리에 밑 대리석 식탁에 앉아 그들의 초상화를 그렸다.

피카소가 프랑스로 떠나려던 1903년, 엘스 콰트레 가츠는 경영난으로 문을 닫았다. 독재자 프랑코가 죽고 3년 후인 1978년에야 레스토랑은 원래의 모습대로 다시 문을 열었다. 그날 이후 많은 관광객들이 이곳에 들러 레스토랑의 모습을 사진기에 담고 저렴한 카탈루냐 음식을 즐긴다. 무도회장의 발코니도 그대로이고 곁채도 다시 제자리에 만들었다. 하지만 피카소의 친구 카사스와 로메우가 2인용 자전거를 타는 모습을 그린 작품은 진품이 아니다. 피카소의 초상화 몇 점도 물론 진품이 아니다. 수백만 달러를 호가하는 진품은 피카소 미술관에 걸려 있다.

피카소 미술관이 자리한 이 우아한 거리에도 나름의 역사가 있다. 1148년, 바르셀로나 백작 라몬 베렝게르 4세는 그 거리를 부유한 상인 라몬 데 몬트카다에게 하사했다. 베렝게르 4세가 토르토사 시를 재탈환할 때 그가 재정적 지원을 해주었기 때문이다. 몬트카다는 그 거리에 호화 저택들을 지었는데, 담과 큰 대문 탓에 겉에서 보면 막혀 있지만 안에는 널찍한 안마당과 넓은 대리석 계단, 예술적인 연회장이 펼쳐져 있다. 이 5채의 중세식 귀족 저택에 현재 2천 200점이 넘는 피카소의 작품이 보관돼 있다. 그중에는 1917년에 그린 유명한 그림 〈광대Harlequin〉와 벨라스케스의 〈라스 메니나스Las Meninas〉(1656)를 재해석한 44부 연작 〈라스 메니나스〉, 어머니의 초상화 〈마리아Maria Picasso〉(1896), 두 번째 아내 〈재클린의 초상화Portrait of Jacqueline〉(1957), 〈바르셀로나의 지붕들 The roofs of Barcelona〉(1903)도 포함된다. 피카소가 파리에서 돌아와 두 번째로 바르셀로나에서 살았던 1916~1917년에 탄생한 여러 점의 작품도 이곳에서 감상할 수 있다. 당시 그는 발레리나였던 첫 번째 아내 올가를 따라와 바르셀로나에 잠시 살았다.

하지만 비정치적이었던 피카소도 그 후 몇십 년 동안은 프랑스에서 스페인 독재 정권을 비판하는 저항가가 되었다. 나치 독일의 게르니카 공습 이후 피카소가 〈게르니카Guernica〉(1937)를 그렸을 때 그는 프랑코가 죽어야 그 그림을 스페인에서 걸 수 있을 것이라고 했다. 실제로 1963년 바르셀로나에 피카소 미술관이 개관하자 프랑코는 마드리드에서 길길이 날뛰었다고 한다. 프랑코는 피카소를 미워했지만 유럽에서 고립된 독재자가 전 세계인의 사랑을 받는 천재 화가에게 무슨 짓을 할 수 있었겠는가? 피카소는 안타깝게도 〈게르니카〉가 마드리드 프라도 미술관 맞은편의 현대식 레이나 소피아 미술관에 걸린 광경을 보지 못했다. 피카소가 세상을 떠나고 2년 후에야 프랑코가 눈을 감았기 때문이다.

엘스 콰트레 가츠 12 G5
Carrer de Montsió 3
www.4gats.com
▶ 지하철 : 하우메I Jaume I

피카소 미술관 25 H5
Carrer Montcada 15~23
www.museupicasso.bcn.es
▶ 지하철 : 하우메I Jaume I

Joan Miró

호안 미로 1893~1983
개미처럼 일한 소시민이자 창조적 몽상가

호안 미로는 바르셀로나에서 보석상의 아들로 태어났다. 이 카탈루냐
화가의 가슴에는 2개의 영혼이 깃들었다. 개미처럼 일만 하는 벽창호와
창의력 넘치는 몽상가. 이 두 영혼이 그를 불멸의 예술가로 만들었다.

케이블카가 탯줄처럼 요람에서 무덤까지 이어진다. 케이블카 '아에리'는
토레 데 산트 세바스티아 승강장을 출발해 유서 깊은 항구 위를 지나 몬
주익 언덕을 올라 전망대까지 이어진다. 이 천상의 풍경을 감상할 수 있
는 10분 동안 동쪽으로 눈길을 돌리면 라발 지구와 고딕 지구의 멋진 모
습과 예전의 유흥가 골목이자 나이트클럽의 거리 파랄렐이 한눈에 들어
온다. 그 아래쪽 구시가지의 크레디트 거리 4번지^{Passatge del Crèdit 4 G6}에서
1893년 4월 20일 호안 미로가 태어났다. 그리고 1983년 12월 27일, 바다
가 보이는 몬주익 남쪽 산비탈의 그림 같은 공동묘지^{Cementiri de Montjuïc}에 묻
혔다.

그곳에서 불과 몇백 미터 떨어진 곳에 전시된 1만여 점의 작품을 통해
우리는 이 남자의 90년 인생을 따라가 볼 수 있다. 바르셀로나가 훤히 보
이는 웅장한 공원에는 카로브 나무와 올리브 나무 사이로 빛에 흠뻑 젖은
대담한 큐비즘 건물이 서 있다. 바로 호안 미로 미술관^{Fundació Joan Miró 14 E7}이

호안 미로가 75번째 생일을 맞아 자신의 조각상 〈현대 여성La femme moderne〉 옆에서 포즈를 취하고 있다.

다. 이 지중해풍 미술관은 미로 생존 당시인 1975년에 카탈루냐 최고의 화가인 그의 걸작들을 전시하기 위해 지어졌다. 그는 분명 가우디 이후 바르셀로나에서 태어난 가장 위대한 화가일 것이다. 평생 인연을 맺었던 12살 연상의 친구 파블로 피카소는 안달루시아 사람이었다. 살바도르 달리 역

바르셀로나의 호안 미로 미술관에는 이 카탈루냐 예술가의 작품 중에서도 최고의 작품들을 소장하고 있다.

시 바르셀로나에서 태어나지 않았고, 두 사람 사이에는 친분도 없었다. 호안 미로의 눈에는 살바도르 달리가 '완전히 미친 사람으로 보였기' 때문일 것이다. 1923년 바르셀로나에서 태어난 종합 예술가 안토니 타피에스 역시 미로가 세상을 떠난 후에야 세계적인 명성을 얻었다. 미로의 가슴에는 창의적이고 몽상적인 바르셀로나의 낭만주의가 살아 숨 쉬고 있었다. 반면에 머리에는 치밀한 기술로 치열하게 일하는 카탈루냐 민족주의가 살고 있었다. 그래서 그는 자신을 '스페인 화가'라고 소개한 현수막이나 카탈로그를 보면 "내 심장엔 카탈루냐가 깃들어 있다"며 반드시 고쳐 달라고 했다.

그가 독재자 프란시스코 프랑코와 항상 거리를 두었던 이유도 바로 그 때문이었다. 프랑코는 미로를 선전에 이용하려 했지만 헛수고였다. 오늘날에도 미로는 비평가들로부터 '현대 회화의 나이팅게일'이자 '밤과 고요, 음악의 화가'로 평가되며 존경받는다. 달과 별, 눈과 새, 다채로운 여성의 상징이 담긴 그의 환상적인 그림들은 이 온화한 초현실주의자를 20세기 최고의 화가로 만들어 주었다. 그 사실은 바르셀로나 공항에서부터 확인할 수 있다. 하루 5만여 명에 이르는 공항 이용객들은 바르셀로나 공항 외벽에 붙은 집채만 한 크기의 화려한 모자이크를 못 보고 지나칠 수가 없다.

마임가와 마술사, 음악가들이 팁을 구걸하는 바르셀로나 중심부 람블라 델스 카푸친스에 그의 모자이크 작품이 있다. 그 사실을 미처 알지 못하는 관광객들은 위대한 화가의 작품을 밟고 지나가지만 그를 존경하는 바르셀로나 사람들은 일부러 피해 다닌다.

호안 미로가 꼼꼼하고 치밀한 기술과 창의력을 함께 가질 수 있었던 것은 유복한 가정 환경 덕도 컸다. 마요르카에서 태어난 인자한 어머니 돌로레스와 보수적인 아버지 미구엘은 아들의 이름을 '호안'이라고 지었다. 하지만 이 이름이 영어에서는 여성의 이름이었기에 런던 미술계에 초대될 때면 늘 혼선이 빚어졌다.

호안 미로는 레고미르 거리 13번지^{Carrer Regomir 13 H6}의 학교에 다녔다. 7살 무렵부터 학교 선생님이 그의 그림 실력을 알아보았지만 재능만으로 화가가 될 수는 없었다. 14살 때 그는 학교에서 퇴학을 당했다. 게으르고 반항적이며 버릇없는 전형적인 사춘기 소년은 당시만 해도 사기꾼과 매춘부, 폭력적인 노조 시위대가 넘쳐나던 람블라스 거리와 항구 지역 사이에서 몇 차례 시련을 겪기도 했다.

아버지는 성공한 보석상이자 시계공으로 집에서 멀지 않은 페란 거리 34번지와 레이알 광장 4번지에 가게를 갖고 있었다. 1907~1910년까지 아버지는 아들에게 억지로 상인 교육을 시켰다. 미로가 영 마뜩찮은 아버지의 강요를 참았던 이유는 단 하나, 어머니의 지원으로 1주일에 4번씩 저녁 시간에 항구 지역 이사벨 2세 거리에 있는 미술아카데미 요자^{Llotja} H6에서 그림을 배울 수 있었기 때문이었다. 요자의 학생이었던 파블로 피카소를 당시엔 만나지 못했다. 피카소는 1905년에 파리로 가서 날로 유명해지고 있었기 때문이다. 하지만 미로는 피카소의 아버지인 미술 교수 호세 루이스 피카소에게 수업을 받았고 훗날 그의 추천장을 들고 파리의 피카소 아틀리에로 찾아갈 수 있었다.

아들의 열정을 지지한 어머니

미로는 1미터 65센티미터밖에 안 되는 단신에 몸도 허약했지만 야망은 컸다. 과로와 계속되는 신경 쇠약, 티푸스로 건강이 급격히 악화되어 타라고나의 몬트로이그에 있던 가족 별장으로 떠났는데 그곳에서 1년 넘게 요양하는 동안 아들의 미술 교육을 결사 반대했던 아버지도 결국 뜻을 꺾었다. 미로는 1912~1915년까지 사립 미술아카데미 두 곳에 입학했다. 매일 15~17시까지는 당시의 유명 미술 교수 프란세스크 갈리^{Francesc Galí}에게 수업을 받았는데, 특히 가우디의 건축과 카탈루냐 유겐트 양식에 대한 것을 배웠다. 매일 19~21시까지는 산트육 아트센터^{Cercle Artístic de Sant Lluc}에서 미술 수업을 받았다. 달과 별, 붉은 원을 이용해 입체파 그림을 처음으로 시도해 보았지만, 그곳은 초현실주의 그림을 허락하지 않았다. 미로의 젊은 시절은 가난했다. 가끔 그라시아 거리 96번지^{Passeig de Gràcia 96 D2}에 사는 부자 친구 라몬 카사스의 큰 저택에서 소품을 팔기도 했지만 어머니가 몰래 돈을 챙겨 주지 않았더라면 물감과 이젤을 살 돈도 없을 정도였다.

1914년 제1차 세계대전이 발발했지만 스페인은 전쟁의 광기에 휩쓸리

미로의 모자이크는 바르셀로나의 쇼핑 거리 람블라스에도 있다.

지 않았으므로 호안 미로는 친구 에우세비 리카르트와 함께 산트 페레 메스 바익스 거리 51번지Carrer Sant Pere Més Baix 51 G4에 처음으로 작은 아틀리에를 마련했다. 바르셀로나의 유명한 화랑 주인이자 미술품 거래상이었던 주제프 달마우도 지원에 나섰다. 1916년부터는 달마우가 전시회를 기획해 준 덕분에 아틀리에를 꾸려갈 정도는 되었다. 달마우는 아방가르드 추종자였고 입체파와 다다이즘의 보급에 힘썼으며, 콘셀데센트 거리Carrer Consell de Cent E 3/4 349번지 그의 화랑은 이 거리가 화랑가로서 명성을 얻는 데 크게 기여했다. 오늘날 이 거리에는 12개의 화랑이 자리하고 있다.

당시 미로는 미친 사람처럼 일만 했다. 하지만 화랑 주인의 마음에 들기 위한 그림은 그리지 않았고 바로 그 점이 화랑 주인의 마음에 들었다. 훗날 친구 리카르트와 달마우는 이렇게 말했다. "호안은 정각 아침 7시에 일어나 아침도 거른 채 파란 작업복을 껴입고 8시부터 항상 깨끗하게 치운 아틀리에에서 작업했다. 혼자 그림 그리는 것을 제일 좋아하는데다 원래 말이 많은 사람이 아니다.”

친구들이 밤에 유명 카바레 엘 몰리노나 댄스장 라 팔로마로 몰려가도 그는 잘 따라나서지 않았다. 혹시라도 따라나설 때는 시민 계급의 보수적 교육의 효과를 몸소 보여 주었다. 풀 먹인 셔츠에 나비넥타이, 흰 조끼에 양복을 차려입고 노란 장갑을 낀 채 지팡이를 든 우아한 신사의 모습을 연출했다. 심지어 외눈 안경을 끼고 다리에는 무릎 아래로 흰 행전을 두를 때도 있었다. 시노 지구의 끈적거리는 홍등가로부터 자신을 방어하기 위한 나름의 방패였던 셈이다.

헤밍웨이도 미로의 그림을 사다

1919년 10월, 혁명의 물결이 바르셀로나를 휩쓸자 세계 시민 미로는 파리로 떠났다. 그는 피카소와 친하게 지냈고 막스 에른스트와 바실리 칸딘스키와도 많은 대화를 나누었다. 미로는 헨리 밀러의 소설에 일러스트를 그렸고 헤밍웨이에게 몬트로이그에서 그린 〈농장La masía〉(1921~1922)을 팔았다. 헤밍웨이는 그림 값 총 5천 프랑을 매달 얼마씩 나누어 지불했다. 미로는 거의 해마다 여름을 몬트로이그에서 보냈지만 1936년 내전이 터지자 더 이상 그곳에 발을 들이지 않았다. 1940년에는 독일의 침공을 피해 파리를 떠났고 그림을 위해 그 어떤 정치적 갈등 상황도 피했다. 훗날 프랑코의 손짓을 거부한 것도 그 때문이다.

1942년 미로는 다시 바르셀로나에 있는 부모님의 집으로 들어간다. 제일 꼭대기 층에서 콜라주와 도기로 작업했고 카탈루냐 자치를 지지하는 포스터를 만들었다. 도쿄와 남미, 뉴욕 현대미술관에서 열린 전시회는 미로에게 세계적인 명성을 안겨 주었다. 그는 해마다 여름을 아내와 함께 팔마에 있는 자신의 저택에서 보냈다. 1970년대에는 후안 카를로스 국왕이 미로의 저택에서 불과 500미터 떨어진 여름 별장에 기거하며 그를 찾아오기도 했다. 미로의 팔마 저택은 현재 미로 미술관이 되었지만, 더 규모가 크고 중요한 작품들이 전시된 곳은 1975년에 문을 연 몬주익 언덕의 호안 미로 미술관이다. 〈페드랄베스의 거리Street in Pedralbes〉(1917), 〈소녀의 초상Portrait of a Young Girl〉(1919), 〈샛별Morning star〉(1940), 〈밤의 여인Woman in the night〉(1970), 〈태양 앞의 사람Figures in front of the sun〉(1942), 대리석 조각상 〈태양의 새Solar bird〉(1968) 등 그의 주요 작품들이 이곳에 전시되어 있다.

호안 미로는 일생 동안 공포에 시달렸다. 죽음에 대한 공포가 아니라 갑자기 몸이 쇠약해져 그림을 그릴 수 없을지도 모른다는 공포였다. 그러나 다행히도 1983년 12월 25일 눈을 감는 순간까지 그림을 그릴 수 있었다. 그는 자신이 남긴 멋진 예술 작품을 통해 앞으로도 영원히 살아 있을 것이다.

포블레 에스파뇰

Av Francesc Ferrer i Guardia 13
www.poble‑espanyol.com
▶ 지하철 : 에스파냐 Espanya

호안 미로 미술관 14 E7

Parc de Montjuïc
www.fundaciomiro‑bcn.org
▶ 지하철 : 파랄렐 Paral.lel

조지 오웰 1903~1950
스페인 내전에서 프랑코와 맞서 싸운 영국 작가

조지 오웰은 불의와 파시즘, 무엇보다 독재자 프란시스코 프랑코와
맞서 싸우기 위해 바르셀로나로 왔다. 그렇지만 영국 작가는
공산주의자들의 제거 대상이 되었다.

도시의 모습을 개선하려다 오히려 개악하는 경우가 적지 않다. 바르셀로
나의 고딕 지구도 바로 그런 경우다. 1880년대 초, 시의원들이 람블라 델
스 카푸친스 바로 옆의 화려한 레이알 광장을 정화하겠다고 나섰다. 더러
운 재즈 바들과 소매치기, 사나운 딜러, 마약 중독자, 그들과 한패인 매춘
부와 포주들을 완전히 몰아내겠다고 팔을 걷어붙인 덕분에 가우디의 가
로등 2개가 빛을 밝히고 있는 레이알 광장은 관광객의 카메라를 위한 전
시장으로 변모했다. 레이알 광장에서 쫓겨난 호모들과 범죄자들은 빅브
라더에게 24시간 감시를 받는 또 다른 광장으로 쫓겨 와 지금까지도 그곳
을 어슬렁거린다.

　항구 방향 에스쿠데예르스 거리의 이면도로 뒤편, 고딕 지구에서도 가
장 어두운 골목에 있는 이 더러운 광장에는 햇빛도 잘 들지 않는다. 빛이
라고는 수많은 감시카메라가 뿜어내는 탐색의 눈길뿐이다. 부스러지는
집 벽에 매달린 가로등이 더러운 유리 너머로 희미한 빛을 던진다. 맥주

영국 작가 조지 오웰은 파시즘과 싸우기 위해 바르셀로나로 왔고 피의 시대를 경험했다.

병을 일렬로 늘어놓고서 광장에 쭈그리고 앉은 몇몇 젊은이들을 내려다
보는 집채만 한 미래파 조각상에는 뱀 한 마리가 혀를 날름거리며 지구를
칭칭 감고 있다.

작은 자전거 점포 하나, 윈드서핑 공방 하나, 어두침침한 임대주택들이

1938년 3월 17, 18일 폭격을 당한 후의 바르셀로나. 바르셀로나는 프랑코 군의 공격 목표였다.

광장을 둘러싸고 있다. 그중의 한 회색 건물이 1930년대 마르크스주의 통합노동자당POUM, Partido Obrero de Unificación Marxista이 있던 곳이다. 마약중독자들이 거래를 하고, 그 옆의 더러운 카페에는 손님이라고는 없다. 이곳은 화려한 도시 바르셀로나에서 가장 더러운 광장이다. 2003년 이 광장은 '카탈루냐를 위해 솔선수범한 작가 조지 오웰을 기리는 뜻'에서 그의 탄생 100주년을 맞아 조지 오웰 광장Plaça George Orwell H6으로 이름을 바꿨다.

1903년, 영국령 인도에서 태어난 그의 본명은 에릭 아서 블레어였다. 이튼 칼리지를 졸업하고 미얀마에서 군복무를 마쳤으며 몇 년간 서적상과 기자로 일했던 젊은 사회주의자 오웰은 1936년 말 아내와 함께 바르셀로나로 건너왔다. 그리고 10개월 동안 트로츠키를 추종하는 통합노동자당 편에서 스페인 내전에 여단병으로 참전했다. 1937년은 트로츠키파,

스탈린파, 사회주의자, 전국노동조합이 프랑코의 보수적 가톨릭군을 상대로 공동 투쟁을 하면서 오히려 서로의 힘을 소진시키고 서로를 힘들게 했던 '무정부주의의 뜨거운 한 해'였다. 1938년, 오웰이 바르셀로나를 도망쳐 나오자마자 지역통신원으로 근무하며 쓴《카탈로니아 찬가*Homage to Catalonia*》(1938)에 당시 상황이 고스란히 담겨 있다. 계급 없는 사회를 추구했던 그날의 계급 투쟁은 세계적인 베스트셀러《동물농장*Animal Farm*》(1945)에도 큰 영향을 주었다.

이 우화에서 오웰은 러시아 혁명의 실패 이유가 스탈린주의가 사회주의의 이상을 배반했기 때문이라고 주장한다. 더 큰 성공을 거둔 소설《1984》(1949)에도 1937년의 선동적 프로파간다의 경험이 흠뻑 흘러들어가 있다.《1984》는 국민의 일거수일투족을 감시하는 전체주의 국가와 국민의 무기력함을 예언한 책이다. 그러나 오웰은 인구 200만의 도시 바르셀로나에 첫발을 내디딘 순간만 해도 평등과 자유의 시대로 들어선 기분을 느꼈다. 그는 다음과 같이 말했다. "인간은 자본주의의 기계를 돌리는 톱니바퀴가 아닌 인간이 되고자 한다."

투쟁과 글쓰기, 그것이 그의 인생

오웰은《카탈로니아 찬가》에서 불과 몇 달 동안 머물며 투쟁했지만 평생 동안 잊을 수 없었던 도시의 한 지구를 묘사한다. 카탈루냐 광장^{Plaça de Catalunya F4} 북쪽에 신 고딕 양식의 콜론 호텔^{Hotel Colón}이 있다. 당구대가 27개, 방이 60개인 그곳은 당시 카탈루냐 통합사회당^{PSUC, Partido Socialista Unificado de Cataluña}의 본부였다. 그 건물의 대각선 맞은편에는 전략적으로 중요한 전신전화국 '텔레포니카'가 있다. 그 다음이 람블라 델스 에스투디스^{Rambla dels Estudis} 거리로, 그 거리 115번지가 천문대이며, 거기서 람블라스 거리를 따라 더 아래로 내려간 람블라스 138번지가 당시 오웰과 아내가 묵었던 콘티넨탈 호텔Hotel Continental Barcelona F5이다. 두 사람은 잠시 오리엔테 호텔 Hotel Oriente **18** G6에 묵기도 했는데 오웰은 그곳을 이렇게 묘사했다. "실제로 대형 건물은 모두 노동자들이 점령해 적기나 무정부주의자들의 적흑기를 내걸었다. 벽마다 망치와 낫을 그리거나 혁명당의 첫 글자를 적어 놓았다. 거의 모든 교회를 약탈하고 그림은 불태웠다. 심지어 구두닦이들까지 모아서 구두닦이 통을 빨간색과 검은색으로 칠했다. (중략) 굽실대거나 형식적인 표현들이 일시적으로 자취를 감추었다. '세뇨르Señor, 성 앞에 붙이는 경칭'라는 말은 물론이고 '우스테드Usted, 귀하, 당신, 선생님' 같은 말도 사용하는 이가 없었다. 서로를 '동지'라고 부르며 말을 놓았다. 팁은 금지되었다. (중략) 람블라스 거리에선 매일 늦은 밤까지 혁명가가 울려 퍼졌다."

전쟁 탓에 도시의 상황은 말이 아니었다. 밤이면 파시스트의 공습이 겁나서 불을 희미하게만 켰다. 고기는 귀했고 우유는 전혀 구할 수 없었다. 빵과 설탕은 물론이고 석탄이나 석유도 부족했다. 식료품점 앞에는 가게에서 나오는 손님들에게 생필품을 구걸하기 위해 맨발의 아이들이 떼를 지어 기다렸다. 인간의 존엄을 지키기 위해 매춘을 하지 말라는 색색깔의 현수막도 나붙었다.

하지만 람블라스 거리 서쪽의 유흥가 파랄렐은 여전히 호황이었다. 장 주네Jean Genet도 1922~1924년까지 카르멘 거리를 휩쓸고 다녔다. 그는 도박장, 카바레로 위장한 시드 거리의 시간제 호텔 라 크리올라, 밀수꾼과 동성애자, 술꾼들이 사랑했던 술집 칼 사그리스타를 다니던 그 시절 이야기를 《도둑 일기Journal du Voleur》(1949)에 고스란히 담았다. 장 주네는 말했다. "바르셀로나에서 방랑할 때 만난 여자들이 내 인생에서 가장 대담하고 아름답고 거친 여자들이었다."

람블라스 거리의 오리엔테 호텔, 조지 오웰은 이곳에서 묵으며 일했다.

이곳의 풍경은 1937년에도 여전했다. 하지만 오웰은 1월부터 4월까지 아라곤의 전선으로 배치되었다. 그는 조악한 무기와 비조직적인 여단을 비판했고 사라고사 전선에 적군이 별로 없다는 사실에 화를 냈다. "적은 그냥 저 멀리에 있는 검은 곤충들이었다. 가끔씩 튀어 오르는 모습이 보일 뿐이었다. 사실상 양쪽 군대가 주로 했던 일은 체온을 유지하려는 노력이었다." 헤밍웨이의《누구를 위하여 종은 울리나*For Whom the Bell Tolls*》(1940)는 당시 상황을 조금 더 스릴 있고 잔혹하게 묘사했다.

1937년 5월 3일, 전선에서 115일을 보낸 오웰은 바르셀로나로 휴가를 왔다가 가장 치열한 전투를 경험했다. 치안대의 돌격대가 전신전화국 텔레포니카를 점령했던 것이다. "오후에 람블라스로 갔다. 갑자기 총성이 들렸다. 총을 든 젊은이 둘이 8층 높이 교회 탑에 있는 누군가와 교전을 벌이는 것 같았다. 옆 골목 입구에 있던 무정부주의자들이 사람들에게 그쪽으로 가지 말라고 소리쳤다. 탑에서 쏜 총알이 거리 위를 날아다녔고 공포에 사로잡힌 사람들이 람블라스를 뛰어 내려갔다. 나는 달려서 도로를 건넜다. 총알이 무서울 정도로 바로 옆을 스쳐 지나갔다."

오웰은 스페인 사람들이 '어떤 일을 시작하기로 결정하는 순간 발휘하는 열정적 에너지'로 람블라스의 포석을 뜯어내 바리케이드를 쌓는 장면을 목격했다. "몇 시간 만에 머리 높이까지 바리케이드가 올라갔다. 사수들이 총안銃眼에 자리를 잡았고 어떤 바리케이드 뒤편에선 사람들이 모닥불을 피우고 계란을 구웠다."

목 동맥을 비켜간 총상

그 후 열흘 동안 무슨 일이 일어났는지, 외국인인 그로서는 도저히 이해할 수가 없었다. 누가 누구와 싸우는지도 확인하기 힘들었다. 람블라스 오른쪽의 노동자 구역인 시노 지구는 무정부주의자들이 점령했다. 고딕 지구의 람블라스 왼쪽에선 경찰이 카탈루냐 통합사회당과 싸웠다. 통합사회당의 사령부가 둥지를 튼 카탈루냐 광장의 콜론 호텔에는 키 높이 광고판의 글자 'O'의 구멍마다 총구가 튀어나와 있었다. 지붕 위에는 기관총을 설치했다. "위험하지는 않았다. 다만 배가 고프고 목이 말랐다. 천문대 맞은편의 극장 지붕에 앉아 이 모든 사태의 무의미함에 놀라워했다. 쉬지 않고 악마의 소리가 울려 퍼졌다. '탕탕, 두두두' 가끔씩 귀가 멍할 정도의 총성이 들렸다."

이 전투가 끝나자 이미 소위로 진급한 오웰은 다시 전선에 배치되었다. 이번에는 우에스카였다. 그곳에서 적의 총알이 불과 1밀리미터 차이로 오웰의 목 동맥을 비켜갔다. 관통상을 입은 그는 타라고나 야전병원으로 실려 갔고 며칠이 지난 후에야 겨우 목소리를 되찾을 수 있었다.

아내가 있는 바르셀로나로 돌아왔을 때 내전을 향한 낭만적 감정은 바닥을 드러냈다. 그사이 공산당이 도시를 장악했다. 오웰은 서로 적대시하는 스탈린주의자, 무정부주의자, 공산주의자들의 정치적 전선에 휩쓸렸고 제거 대상자 명단에도 올랐지만 다행히 무정부 상태의 혼란을 틈타 영국으로 달아났다. 《카탈로니아 찬가》는 바르셀로나가 프랑코의 군대에게 힘없이 무릎을 꿇었던 1939년 1월 26일 당시 이미 세상에 나와 있었다.

공산당은 낭만적 사회주의자 조지 오웰을 제거하지 못했다. 그를 죽음으로 몰고 간 것은 몇 년 전부터 그를 괴롭혔던 결핵이었다. 조지 오웰은 1950년 1월 21일, 《1984》가 출간되고 1년 후에 눈을 감았다. 그가 예언했던 전체주의 국가의 감시를 그는 경험하지 못했다. 1984년을 불과 몇 십년 지났을 뿐인데도 디지털 기술로 감시당하는 힘없는 국민이 현실이 된 이 세상을.

바델피 바 3 F/G 5/6
Plaça de Sant Josep Oriol 1
▶ 지하철 : 리세우 Liceu

오리엔테 호텔 18 G6
Rambla dels Caputxins 45
▶ 지하철 : 리세우 Liceu

살바도르 달리 1904~1989
천재와 광기를 오가는 뛰어난 자기 연출가

예술과 자기 자신을 그토록 미치광이처럼, 또한 천재처럼 연출한 이는
없었다. 그 모든 것이 냉정한 계산에서 나온 홍보 전략이었을까? 아니면
초현실주의를 자신의 삶으로 몸소 실험했던 것일까?

이야기의 주인공은 1904년 5월 11일에 태어나 코스타 브라바 근처의 소
도시 피게레스에서 유복하게 자란, 20세기 최고의 미치광이이자 천재이
면서 돈 욕심이 많았던 화가다. 째려보는 듯한 눈빛, 실크 재킷, 금박 입
힌 지팡이, 왁스를 발라 위로 꼬아 올린 수염으로 전 세계에서 자신만의
마케팅 상표를 창조한 과대망상증 환자. 1982년 후안 카를로스 왕에게
'달리 데 푸볼 후작' 작위를 하사받은 살바도르 펠리페 하신토 달리. 파
킨슨병을 앓았기에 떨리는 손으로 마지막 작품 〈제비 꼬리The Swallow's
Tail〉(1983)를 그렸고, 여신으로 숭배하던 아내 갈라가 세상을 떠나자 음
식을 거부하며 1989년 세상을 떠나는 순간까지 인공 관으로 음식을 주입
받았던 남자. 천재 미치광이 화가 살바도르 달리는 광기와 현실을 오가는
예술가였고, 계산에 빠른 장사꾼 기질과 독창성과 예술성을 함께 지닌 전
형적인 카탈루냐 사람이었다.

　달리의 아버지는 시골 소도시 피게레스의 골수 보수파 카탈루냐 민족

자기 연출의 대가 살바도르 달리가 특유의 표정을 짓고 있다. 1967년에 찍은 사진.

주의자였고, 돈과 명망을 둘 다 얻은 공증인이었다. 달리는 10살 때부터 자기 연출적인 성향을 보였다. 바르셀로나에서 서점을 운영하던 친척이 구하기 힘든 청소년 책과 그림책을 보내 주면, 달리는 그 책을 겨드랑이에 끼고 학교에 갔다. 친구들은 달리를 미친 놈 취급했다. 그래도 부모님

화가의 고향 피게레스에 있는 달리 미술관. 달리가 영면에 든 곳도 바로 이곳 고향이다.

의 여름 별장 에스 야네^{Es Llané}에서 그린 초기 그림들까지만 해도 현실적이
었다. 고등학교를 졸업하기 전부터 달리는 엄한 아버지에게 저항했고 마
르크스주의에 경도된 무정부주의 단체 '레노바시오 소시알^{Renovació Social}'
을 만들었으며 부모님을 자극하려고 일부러 공산주의 잡지 〈뤼마니테L'
Humanité〉를 집에 아무렇게나 던져두었다. 고향에서 가까운 바르셀로나
왕래가 점점 잦아졌고, 구시가지 무정부주의 친구들과의 교류가 깊어졌
으며 친구 집이나 친척 집에서 자고 오는 횟수가 늘었다. 1920년대 초 당
시만 해도 악명 높던 파랄렐 거리의 뮤직홀 엘 몰리노를 들락거렸고 피카
소의 단골 술집 엘스 콰트레 가츠의 단골이 되었다.

달리는 바르셀로나의 아방가르드주의자들에게 매력을 느꼈고 프랑스
작가 앙드레 브르통을 초현실주의 이론가로 존경했으며 고딕 지구의 지

식인들 사이에서 눈에 띄는 차림새와 혁명적인 연설로 부르주아지는 물론이고 초현실주의자들까지 충격에 빠뜨렸다. 브르통은 훗날 자신이 달리에게 가장 위대하고 유명한 예술가가 누구냐고 물었더니 주제프 푸욜이라고 대답했다는 이야기를 들려주었다. 푸욜은 20세기 초 물랭루주에서 방귀로 음악을 연주하는 '르 페토만Le Petomane'으로 유명했다. 그는 괄약근을 이용해 프랑스 국가國歌나 유행가를 들려주곤 했다.

환상의 세계를 정찰하다

달리는 또 안토니 가우디의 기묘한 작품들이 즐비한 바르셀로나를 탐사하며 열광했다. 달리는 '사그라다 파밀리아의 탑들이 여인의 피부처럼 너무나 관능적이다'고 느꼈고 가우디가 죽은 후엔 미완성 성당을 그대로 둔 채 거대한 유리통을 씌워 보존하자고 제안했다. 달리가 이처럼 입에 침이 마르도록 가우디의 건축물을 칭찬한 이유는 '이 천재가 돌을 살로, 경직을 유연으로 변신시켰으며 청동 가고일중세 시대의 교회 건물 지붕 귀퉁이에 만든 빗물 홈통이 아름다운 젖가슴 같기 때문'이었다. 어쨌든 달리가 자기 자신 말고도 또 한 사람을 천재로 인정했다는 사실이 놀랍다.

달리는 정말 열심히 그림을 그렸다. 코스타 브라바의 아틀리에뿐 아니라 바르셀로나 친구들의 작업실에서도 그림을 그렸다. 근면했고 자제력이 강했으며 인상주의에 이어 입체파 그림까지도 연습했다. 1922년 그는 그라시아 거리 근처 콘셀데센트 거리 349번지의 살라 달마우 갤러리galería Sala Dalmau15 E3/4에서 첫 전시회를 열어 첫 초현실주의 그림들을 미국에 판매했다. 이 갤러리는 당시에도 이미 현대미술의 후원자라는 국제적인 명성을 누리고 있었고 달리도 이곳에서 몇 년 동안 전시회를 열었다.

그러나 갤러리에서 번 돈으로는 사치스러운 생활을 충당할 수가 없었고 아버지도 방탕한 바르셀로나 생활을 접으라고 강요했다. 1923년, 달리는 마드리드의 산 페르난도 아카데미에 입학해 미술, 회화, 조각을 공부했다. 불량한 행동으로 여러 번 퇴학당했지만 천재적인 작품 덕분에 번번이 재입학 허가를 받았다. 나르시시스트 달리는 교수들이 자신을 평가할 만큼 능력이 없다고 생각해 1926년 말의 졸업 시험에도 응시하지 않았다.

하지만 3년 동안의 마드리드 생활도 헛되지는 않았다. 달리는 기숙사에서 인생에 결정적인 영향을 준 두 친구를 사귀었다. 한 사람은 영화 감독 루이스 부뉴엘로 1929년에 초현실주의 영화 〈안달루시아의 개Un Chien Andalou〉 시나리오를 공동 집필했다. 또 한 사람, 달리에게 더 많은 영감을 선사한 친구는 안달루시아 작가 페데리코 그라시아 로르카였다. 달리는 해마다 카다케스에 있는 부모님의 여름 별장에 로르카를 초대했다. 둘은 함께 그림을 그리고 시를 짓고 꿈을 꿨다. 동성애자였던 로르카가 달리에게 구애했지만 뜻을 이루지는 못했다. 달리는 자신이 '날 때부터 발기불능'이라고 주장했다.

그 대신 달리는 그림에 초현실적 힘을 쏟았다. 〈피는 꿀보다 달콤하다Blood is Sweeter than Honey〉(1926), 〈앉아 있는 소녀의 뒷모습Seated Girl Seen from the Back〉(1928), 〈위대한 수음자The Great Masturbator〉(1929), 사자 머리가 그려진 〈욕망의 거처The Accommodations of Desire〉(1929)는 미국에서도 전시되었다.

그는 바르셀로나와 파리를 오가며 브르통의 초현실주의 그룹과 친교를 맺었고 막스 에른스트, 만 레이, 한스 아르프, 시인 폴 엘뤼아르 등과 토론했다. 그러던 중 운명적인 여름이 다가왔다. 1929년 여름, 막스 에른스트, 루이스 부뉴엘, 폴 엘뤼아르가 휴가를 보내러 카다케스에 왔다.

화가와 뮤즈. 코스타 브라바에서 살바도르 달리와 아내 갈라.

25살의 달리는 갈라로 불리던 10살 연상의 엘뤼아르의 아내 엘레나 이바노브나 디아코노바에게 그만 마음을 빼앗기고 말았다. 훗날 부뉴엘은 그때부터 달리의 발기 불능 증상이 흔적도 없이 사라졌고 하룻밤 사이 '완전히 달라졌다'고 말했다. 달리의 보수적인 아버지는 아들의 사랑에 분노했다. 아버지는 아들의 상속권을 박탈했다. 달리는 갈라와 파리로 떠났고 1934년 결혼식을 올렸다.

　그곳에서 두 사람은 초현실주의 세계의 '드림팀'이 되었다. 뮤즈 갈라는 달리를 수익성 높은 국제적인 수입원으로 만들었다. 전 세계에서 전시회를 조직했으며 그림 판매와 인터뷰를 주선했다. 달리의 가장 유명한 작품 중 하나인 〈기억의 지속The persistence of memory〉(1931)은 녹아 흐르는 손목시계를 통해 그가 품었던 죽음에 대한 공포를 보여 준다. 달리는 여신으로 숭배한 갈라의 누드 초상화를 제일 좋아했다. 그녀는 남편을 속이고 수많은 남자들과 바람을 피웠다. 달리는 그 모든 사실을 알고도 묵인했고 그 이유를 뉴욕 현대미술관의 '영원히 여성적인 것의 무서운 초현실주의' 강연에서 설명했다. 런던에서는 잠수복을 입고 '망상적 무의식'에 대해 강연했다. 런던에서 만난 프로이트에게는 자신의 그림 〈나르키소스의 변형Metamorphosis of Narcissus〉(1937)을 이용해 무의식을 설명했다. 달리는 제2차 세계대전 중 갈라와 함께 미국에 체류하면서 알프레드 히치콕과 함께 영화 〈스펠바운드Spellbound〉(1945)에 삽입될 꿈의 장면들을 구상했다.

자신을 실험 대상으로 아이디어를 시험하다

1948년 살바도르 달리는 갈라와 함께 다시 코스타 브라바의 포르트리가트로 돌아왔다. 하얀 석회칠을 한 집들이 아름다운 바르셀로나 북쪽 카다케스 근처의 어촌이었다. 하지만 해마다 여름이면 몰려드는 관광객을 피해 한 달 동안 파리의 5성급 호텔 모리스로 피신했다. 그곳에서 그림 소재를 찾는다며 양떼를 호텔 객실로 몰아넣거나 낡은 사냥총에 컬러 잉크통을 넣어 이젤을 향해 쏘기도 했다.

미술평론가들의 의견은 지금까지도 분분하다. 남의 눈에 띄어서 그림을 많이 팔려는 목적이었을까? 그건 아마도 카탈루냐인의 전형적인 성격일 것이다. 그게 아니라면 작품으로 외치던 비현실주의와 초현실주의를 삶에서도 실현하고 싶었던 것일까? 아이디어를 자신에게 실험했던 것일까? 어쨌든 달리는 달리였고, 숭배하던 갈라가 1983년 세상을 떠나기까지 여전히 그림을 그렸다. 갈라가 죽은 후에는 겨우 목숨만 부지하다가 1989년, 결국 심장마비로 세상을 떠났다.

하지만 천재는 죽지 않았다. 카탈루냐 사람들은 코스타 브라바에 즉각 3개의 미술관을 지어 달리에게 바쳤다. 그가 갈라에게 선물했던 푸볼의 작은 성은 갈라의 화려한 옷들과 기묘한 가구로 장식한 작은 미술관이 되었다. 포르트리가트의 집도 아틀리에와 수영장, 지붕 위의 계란 모양 조형물 등 화가의 기묘한 세계를 잘 보여 준다. 그러나 뭐니 뭐니 해도 초현실주의 친구들은 피게레스의 달리 미술관을 제일 좋아한다. 반짝이는 청색 유리 지붕 아래에 '매 웨스트의 입술 소파', '휘어지는 금속 십자가', ⟨비 내리는 택시Rainy Taxi⟩(1938), 벽화 등 환상적인 작품들이 관객의 마음을 사로잡기 때문이다.

건물 바닥 밑에는 방부 처리한 살바도르 달리의 시신이 고대 로마 시대 옷에 싸여 매장되어 있다. 그는 유언장에 자신의 시신을 최소 300년 동안 보존해야 한다고 못 박았다.

달리 극장 박물관

Plaça Gala i Salvador Dalí 5 , Figueres

www.salvador-dali.org

살라 달마우 갤러리 **15** E3/4

Carrer del Consell de Cent 349

www.saladalmau.com

▶지하철 : 파세이그 데 그라시아Passeig de Gràcia

살바도르 달리 미술관

Platja Portlligat , s/n ,17488 Cadaqués ,Girona

www.salvador-dali.org

카스텔 갈라 달리 미술관

Torre Galatea , Pujada del Castell , 28 ,17600 Figueres ,Gerona

www.salvador-dali.org

하우메 라몬 메르카데르 1913~1978

카탈루냐 혁명가, 트로츠키를 암살한 구 소련 스파이

바르셀로나에서는 메르카데르를 아는 사람이 별로 없다.

유명한 정치 살인범이 된 카탈루냐의 혁명가, 구 소련의 스파이,

그리고 영화 같은 인생을 살았던 그를.

기프레 엘 필로스나 정복자 하우메 1세는 카탈루냐의 역사를 만들었다. 가우디나 미로는 세계적 명성을 얻어 바르셀로나의 이름을 빛냈다. 하우메 라몬 메르카데르는 자신의 이념을 위해 5번이나 이름을 바꾸면서 5번이나 목숨을 걸었고 세계에서 가장 유명한 정치 살해범 중 한 명으로 기록되었다. 그러나 세계사는 단 한 사람의 바르셀로나인으로만 그를 기록하였고, 아이러니하게도 대부분의 카탈루냐 사람들은 그가 누군지 잘 모른다. 그건 놀랍고도 부당한 일이다. 하우메 라몬 메르카데르는 바르셀로나 노동 운동을 위해 투쟁했고 프랑코의 독재 치하에서 게릴라 지하 운동에 가담했다. 공산주의자가 되어 이데올로기의 산실 모스크바로 건너가 1939년 스탈린 비밀경찰 내무인민위원회NKWD의 지령을 받고 스파이가 되어 미국과 멕시코로 잠입해 들어갔다. 한 편의 영화 같은 스릴 넘치는 인생이었다.

메르카데르는 1939년부터 뉴욕에서, 그 후로는 멕시코시티에서 모스

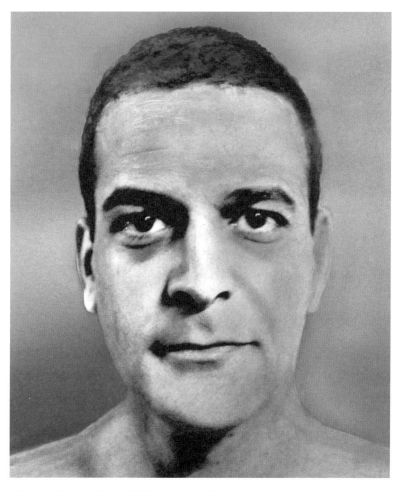

정치 스파이 하우메 라몬 메르카데르. 그는 레프 트로츠키를 암살했다.

크바의 지령을 기다렸다. 내무인민위원회 장교 파벨 수도플라토프를 통해 스탈린이 직접 내린 명령이었다. 1940년 8월 20일 17시 20분경, 마침내 지령이 완수되었다. 라몬 메르카데르가 스탈린 최고의 숙적을 등산용 피켈로 찔러 죽인 것이다. 희생된 제물은 마르크스주의 혁명가, 스탈린의

바리 지구. 하우메 라몬 메르카데르는 이곳의 골목에서 성장했다.

최대 적수였던 레프 다비도비치 브론슈타인, 바로 레프 트로츠키이다. 라몬 메르카데르는 20년형을 선고받고 멕시코 감옥에 수감되었다. 고향 바르셀로나에는 두 번 다시 돌아가지 못했다.

바르셀로나의 역사적 배경을 알면 혁명가로 성장한 이 젊은이의 변모를 조금 더 쉽게 이해할 수 있다. 메르카데르는 고딕 지구의 유복한 가정에서 태어났다. 할아버지는 식민지 무역으로 돈을 번 부자 상인이었다. 아버지 파블로는 성공한 직물 거래상이었고 어머니 마리아 카리다드는 미모의 지성인이었다. 집에서는 카탈루냐어와 프랑스어를 썼다. 메르카데르는 바르셀로나 최고의 학교를 다녔지만 방학 때는 브라바 해안의 산트 펠리우 데 긱솔스Sant Feliu de Guixols에서 어부들과 함께 바다로 나가 고기를 잡았다.

발전하는 산업도시 바르셀로나의 분위기는 시민적이라기보다 혁명적이었다. 메르카데르의 어머니는 일찍부터 가족이 운영하는 방직 공장 노동자들에게 동조했다. 노동자들과 군대가 충돌하여 유혈 사태가 벌어졌던 주말이 지나고 1910년 10월 30일에서 11월 1일로 넘어가는 밤, 바르셀로나에서 전국노동조합이 창립되는 순간에도 그녀는 그 자리에 있었다. 전국노동조합은 무정부주의적 노동조합으로, 당시 빠른 속도로 카탈루냐 전역으로 확산되었다. 파업과 무장 가두 투쟁을 조직하고 스페인 내전에서는 2백만 조합원이 공화주의 편에서 독재자 프랑코와 맞서 싸웠다. 메르카데르 거리 25번지Carrer dels Mercaders 25 H5에 있던 전국노동조합 본부는 지금까지도 낡아빠진 모습으로 안틱 지구 라이에타나 거리와 마주보는 어두침침하고 더러운 거리에 남아 있다.

그곳에서 불과 200미터 떨어진 길모퉁이에는 카탈루냐 기업가 연합 본부가 있다. 전국노동조합의 출현에 불안해진 기업가들은 소위 '자유 노동조합'을 결성했다. 1917년에서 1930년까지 이들의 주요 업무는 전문 테러리스트들을 고용해 전국노동조합원들을 제거하는 것이었다. 노동자 구역 바르셀로네타, 리베라, 라발의 어두운 골목에선 연일 총파업과 공장 폐쇄, 기아와 무장 지하 투쟁이 벌어졌다.

라몬 메르카데르는 어릴 적부터 이곳에서 놀며 자연스럽게 혁명적인 어머니의 영향을 받았다. 어머니는 아버지와 시민적 규범을 버리고 아나키즘 무리에서 애인을 찾았고 코카인 소지 혐의로 체포되었으며, 1930년대에는 모스크바의 코민테른 스파이와 사귀었다. 아들 메르카데르는 일찍부터 학교를 그만두고 바르셀로나의 아나키스트들과 어울렸다. 그는 1935년, 레닌주의 작은 정당을 만들었고 라발의 홍등가에 있는 기프레 거리의 술집 호아킨 코스타Joaquín Costa E6에서 노동자의 아이들에게 글을 가르쳤으며 폭탄 테러에 가담해 8개월 동안 감옥 신세를 지기도 했다.

이 시기 바르셀로나는 아나키즘 공화국의 수도였다. 각종 공산주의 유파의 민병대들이 거리에서 전쟁을 벌였다. 카탈루냐 광장에서 콜럼버스 기념탑에 이르는 람블라스 거리에선 매일 바리케이드가 다시 만들어지고 교회가 불탔으며 무고한 사람들이 한밤의 총격에 희생되었다.

23살의 메르카데르는 스스로를 카탈루냐 민족주의를 등에 업고 프롤레타리아 독재를 위해 싸우는 계급 투쟁가라고 생각했다. 그사이 소련 비밀경찰 내무인민위원회의 스파이가 된 어머니는 아들을 자기 일에 끌어들였다.

1936년 여름, 스페인 내전이 시작되자 메르카데르는 소위로 임명되어 아라곤 전선에 배치되었는데 그곳에서 어깨에 총상을 입었다. 바르셀로나로 돌아와서는 1주일에 한 번씩 은신처를 바꾸며 지하 활동을 계속했다. 당시 소련 공산당, 코민테른, 스탈린 쪽 비밀경찰 내무인민위원회가 그라시아 거리의 카사 밀라^{Casa Milà} **9** E2에 둥지를 틀었으므로 라몬 메르카데르는 그곳에서 매일 이념 교육을 받았고 안전을 이유로 자신의 이름을 버리고 모스크바 비밀경찰에서 '군인 13'으로 활동했다.

군인 13, 조지 오웰을 만나다

군인 13은 그란비아의 은행을 습격했고 밤이면 무기를 들고 구시가지로 나가 마르크스주의 통합노동자당의 트로츠키파 민병대와 싸웠다. 1937년 초 조지 오웰이 소속되었던 바로 그 유파다. 메르카데르는 카탈루냐 광장의 콘티넨탈 호텔에서 조지 오웰을 만난 후 "아라곤의 전선보다 바르셀로나의 지하에서 더 겁 먹은 영국 작가"라고 평했다. 군인 13은 점점 내무인민위원회에 밀착되었고 바르셀로나에서 벌어지는 무정부주의의 게릴라 전쟁에 염증을 느꼈다.

메르카데르의 3번째 인생은 '자크 모르나'라는 이름의 벨기에 여권과 더불어 시작되었다. 자크 모르나 신분으로 모스크바로 건너가 군사 교육을 받은 후 파리로 파견됐다. 파리에 트로츠키의 지인이자 미국 시민인 실비아 아젤로프가 살고 있었기 때문이다. 그는 실비아의 신임과 사랑을

가우디의 작품 카사 밀라. 이곳에 소련 비밀
경찰이 둥지를 틀었다.

얻어 그녀와 약혼했다. 스파이 메
르카데르에게 혁명가이자 스탈
린의 최대 적수 레프 트로츠키 암
살 임무가 내려졌다. 트로츠키는
1932년 소련 국적을 빼앗기고 망
명길에 올라 파리와 오슬로를 거
쳐 1937년에 멕시코에 정착했다.
그런데 그가 가는 곳마다 스탈린을 비판하는 신랄한 신문 기사와 책을 써
돈벌이를 했기에 결국 스탈린의 암살 명령이 떨어진 것이다.

　트로츠키는 실비아 아젤로프를 멕시코로 데려가 비서로 쓰고 싶었다.
하지만 그녀는 뉴욕에 있었다. 혁명을 위해 떠돌이가 되면서 서서히 카탈
루냐의 정체성을 잃어가던 라몬 메르카데르는 프랭크 잭슨이란 이름의
위조 캐나다 여권으로 약혼녀를 따라 미국으로 건너갔다. 그리고 1939년
다시 그녀를 따라 멕시코시티에 도착했다. 그곳에서는 벨기에 이름을 사
용했다. 실비아는 코요아칸의 리오 추루부스코 거리 410번지의 빌라에서
트로츠키의 비서로 일했다. 이 집은 현재 박물관이다. 메르카데르는 약혼
녀를 통해 트로츠키에게 접근했는데 트로츠키가 그에게 원고 수정을 부
탁할 정도로 신임을 얻었다.

　심지어 1940년 5월 24일, 스탈린의 스파이들이 멕시코 경찰로 위장해
암살을 시도했다가 실패했을 때도 레프 트로츠키는 오래전부터 알고 지
낸 '벨기에 남자'를 추호도 의심하지 않았다. 강한 카탈루냐 억양 탓에 메

르카데르의 프랑스어가 그리 유창하지는 않았지만 의심받지 않았다. 트로츠키의 집은 경보 장치와 안전 요원들이 지키고 있었다. 글을 쓰거나 편집 작업을 하지 않을 때면 그는 두 마리 양치기 개를 데리고 놀거나 정원의 선인장을 가꾸었다.

등산용 피켈로 트로츠키를 무참히 살해하다

1940년 8월 20일, 마침내 그날이 왔다. 모스크바는 암살 작전이 실패로 돌아가자 '스파이'를 투입하기로 결정했다. 메르카데르는 원격 조종당하는 로봇처럼 트로츠키의 집으로 들어갔다. 땀이 흘렀다. 기온이 36도였다. 더위에도 불구하고 메르카데르가 비옷을 입고 있다는 사실을 아무도 이상하게 생각지 않았다. 그 비옷 속에는 35센티미터 길이의 피켈을 숨기고 있었다. 메르카데르는 아무런 제지도 받지 않고 안전 요원을 지나 서재로 들어가 트로츠키에게 원고를 내밀었다. 트로츠키가 원고를 보려고 고개를 숙인 순간 메르카데르는 때를 놓치지 않고 피켈로 트로츠키를 수차례 찔렀다. 트로츠키는 다음 날 눈을 감았다. 30만 명의 멕시코인들이 그의 관을 따랐다. 시신은 화장해 그의 집 정원에 묻었다. 회색 묘비에는 '레프 트로츠키'라는 이름과 함께 노동자와 농민을 상징하는 망치와 낫이 새겨져 있다.

　라몬 메르카데르는 20년형을 선고받아 만기 출소했다. 1941년, 스탈린은 멕시코 감옥에 수감 중인 그를 '소련의 영웅'으로 칭송했다. 하지만 1960년 5월 6일, 그가 팔라치오 데 레쿰베리 감옥에서 출소할 당시 모스크바는 아무런 관심도 보이지 않았다. 스탈린도, 트로츠키도 이미 역사에서 사라진 사람들이었다. 스페인 역시 독재자 프랑코 치하에 있었으므로 메르카데르에게 관심이 없었다.

바로셀로나로 돌아갈 수도 없었다. 돌아가면 사형 선고가 내려질 것이 뻔했다. 사정을 딱하게 여긴 체코가 메르카데르에게 여권을 발행해 주었다. 그 여권으로 스페인어를 쓰는 나라들을 떠돌았다. 쿠바의 피델 카스트로는 그를 혁명가로 환영했다. 1978년 눈을 감은 그는 친척들의 바람에 따라 '라몬 이바노비치'라는 이름으로 모스크바에 안장되었다.

바르셀로나에는 그를 기리는 묘비도 조각상도 없다. 안틱 지구의 더럽고 어두운 메르카데르 거리는 그가 태어나기 전부터 그 이름이었다. 이처럼 메르카데르는 바르셀로나에서 잊혀진 사람이지만 그래도 그를 기억한 영화가 있었다. 1972년 조셉 로지가 〈트로츠키 암살The Assassination Of Trotsky〉이라는 제목으로 혁명가의 이야기를 영화로 만들었다. 알랭 들롱이 라몬 메르카데르 역을, 리처드 버튼이 트로츠키 역을, 로미 슈나이더가 여비서 실비아 아젤로프 역을 맡았다.

로스 카라콜레스 레스토랑 **37** G6
Carrer dels Escudellers 14
www.loscaracoles.es
▶지하철 : 하우메 I Jaume I

카사 밀라 **9** E2
Passeig de Gràcia 92
▶지하철 : 파세이그 데 그라시아Passeig de Gràcia

안토니 타피에스 1923~2012

스페인 현대미술의 거장, 바르셀로나 좌파의 영웅

안토니 타피에스는 바르셀로나가 낳은 가장 유명한 현대 미술가다.
피카소와 미로의 후원을 받은, 누구나 인정하는 바르셀로나
좌익의 스타였다.

안토니 타피에스의 작품은 뉴욕 현대미술관과 파리 퐁피두센터에 걸려
있다. 천사의 광장에 자리한 바르셀로나 최대의 미술관인 바르셀로나 현
대미술관Museu d'Art Contemporani de Barcelona 22 F5에도 물론 있다. 람블라스 거리
의 서쪽 라발 지구에 자리 잡은 이 초현대식 건물을 찾는 관람객들 중에
는 오직 안토니 타피에스의 작품을 보기 위해 찾아오는 경우도 많다. 그
는 파블로 피카소, 살바도르 달리, 호안 미로와 나란히 카탈루냐, 나아가
스페인 전역에서 가장 중요한 현대 미술가 중 한 명으로 꼽힌다. 그리고
타피에스 스스로도 말했듯 1948년에서 1970년까지 피카소와 미로가 살
아 있을 때부터 그들에게 무한한 영감을 받았다.

타피에스는 부르주아 가정 출신으로, 바르셀로나에서 카탈루냐 공화
주의의 영향력이 거셌던 1923년에 태어났다. 아버지는 법학자로 카탈루
냐 주정부에서도 영향력 있는 자리에 있었고 스페인 내전 동안 프랑코에
반대하는 지식인 계급이었다. 타피에스는 최고의 학교만 골라 다녔다. 티

카탈루냐의 화가이자 조각가 안토니 타피에스가 자신의 아틀리에에서 작품을 보여 주고 있다.

비다보 거리의 독일 학교 콜레지오 알레만에도 몇 년 다녔다. 훗날 카탈
루냐 자치 정부의 수반이 된 호르디 푸홀^{Jordi Pujol}도 다녔던 학교다.

안토니 타피에스는 작은 마을 같은 분위기의 부촌 사리아 지구 산트 엘
리에스 거리^{Carrer de Sant Elies B1}의 고급 빌라에서 자랐다. 사리아는 자유분방

안토니 타피에스 미술관 지붕을 장식한 화가의 금속 작품 〈구름과 의자〉.

한 좌파들이 사는 세련된 동네이다. 사리아의 좌파 예술가 모임 가우체 디비네Gauche divine는 법학도였던 안토니 타피에스에게도 비옥한 정신적 토양이 되었다. 가브리엘 마르케스도 1969~1975년까지 참여하고 아꼈던 모임이다. 타피에스는 니체와 토마스 만, 하이데거, 사르트르의 책을 즐겨 읽었고 피카소와 미로, 반 고흐의 그림을 베껴 그렸다. 카탈루냐의 시인 주제프 빈센스 포익스Josep Vincenç Foix와도 우정을 나누었다. 포익스는 제빵사이기도 했는데 마요르 데 사리아 거리 57번지에 있는 포익스 데 사리아 제과점Foix de Sarrià 11 F5은 지금도 바르셀로나 최고의 명소로 꼽힌다. 타피에스에게 아카데미아 바이스Acadèmia Valls에서 그림 공부를 해보라고 권유했던 사람도 포익스였다.

타피에스는 법학 공부를 접고 1946년 디푸타시오 거리Carrer de la Diputació E4에 스튜디오를 빌려 흠모하는 초현실주의자 막스 에른스트와 파울 클레를 연구했다. 그렇게 탄생한 첫 작품들은 세상에 나오자마자 판매되었고 그중에는 캔버스에 초크와 오일을 사용해 원시주의 양식으로 그린 〈줌Zoom〉(1946)도 있다. 이 작품은 흔히 현대 산업사회에 대한 저항으로 해석되며 현재 바르셀로나의 안토니 타피에스 미술관Fundació Antoni Tàpies **13** E3에서 볼 수 있다. 그는 작품에 다양한 기법들을 즐겨 실험했다. 마닐라지와 신문 부고면을 이용해 만든 1947년 작 〈십자가Newsprint Cross〉는 내전 후 프랑코의 공산주의자 박해에 대한 정치적 항거였다. 또한 대리석 가루, 모래, 유화 물감을 재료로 긁힌 물감 자국, 찢겨진 직선, 구불구불한 면을 그려 냈다. 〈엘스 솔크스Els Solcs〉(1952)에서는 가로선으로 카탈루냐기를 표현했다.

프랑코 정부에 저항하다

작품은 점점 정치적인 색채를 더해 갔지만 타피에스 역시 카탈루냐 사람답게 돈을 좋아하는 '세니'와 창의적인 '라욱사'를 골고루 발휘했다. 전시회와 인간관계도 목적 의식을 갖고 계획했다. 1948년에는 미로를 만났고 1951년에는 파리에 머물고 있던 피카소를 찾아갔다. 미로와 피카소는 타피에스에게 조언과 영감을 선사했다. 타피에스는 1952년에 베네치아와 파리, 1953년 뉴욕, 1954년 미니애폴리스, 1955년 스톡홀름, 1957년 맨체스터, 1958년 밀라노에서 개인전을 열었다. 베네치아와 뉴욕, 바르셀로나에서는 그 후에도 지속적으로 전시회를 열었다. 1960년대에 들어서자 독일 시장에 집중해 카셀 도쿠멘타독일의 중부 도시 카셀에서 5년마다 열리는 세계 최고 권위의 미술 행사를 비롯해 뮌헨과 본, 베를린에서 많은 전시회를 열었다.

스페인에서는 프랑코 정부에 대한 사회적 저항이 날로 거세졌다. 타피에스는 1966년 사리아의 카푸친 수도회 비밀 회합에 참석했다. 민주적인 대학 노동조합의 설립을 위한 노력이었다. 그러나 그들의 계획은 실현되지 못했고 타피에스는 이틀 동안 구금되어 벌금형을 받았다. 그러나 흔들리지 않고 계속 저항운동에 참여했다. 〈디구엠 노Diguem No〉로 유명한 전통 음악 가수 라이몬이나 카탈루냐 국가 〈레스타카L'Estaca〉를 부른 유이스 야츠Lluis Llach와 함께 바르셀로나 음악 페스티벌을 기획해 프랑코의 실각을 외쳤다.

1970년에는 부르고스 재판에서 프랑코의 탄압에 테러를 감행한 바스크 분리주의 무장 단체 요원들이 사형을 선고받자 이에 항의하기 위해 산타 마리아 데 몬세라트의 한 집회에 참여했다. 1974년에 제작한 타피에스의 그래픽 모노타이프 시리즈는 저항의 그라피티가 그려진 벽의 사진을 통해 정치적 현실을 보여 주었다. 이런 저항 활동에도 불구하고 그는 국제적인 명성 덕분에 1975년 독재 정권이 무너질 때까지 정치적 박해를 피할 수 있었다.

시의 후원을 받아 미술관을 구상하다

독재 정권이 무너진 후 민주화의 분위기를 타고 타피에스는 사형제 철폐와 카탈루냐 자치를 주장하는 판화와 포스터를 제작했다. 하지만 카탈루냐에 자유의 숨결이 드리우자마자 다시 세계를 떠돌며 개인전을 열었고 1979년 베를린 미술아카데미의 명예 회원이 되었다. 1981년에는 예술 정책 참여의 공을 인정받아 후안 카를로스 1세로부터 국가 최고 훈장을 받았다.

그 이후의 작품들에선 마법과 초자연적 현상에 대한 타피에스의 관심을 엿볼 수 있다. 〈블루 3부작Tríptic blau〉(1983) 같은 모호한 그림들은 안토니 타피에스 미술관에 걸려 있다. 그가 호안 미로나 피카소처럼 자신

타피에스의 〈피카소 찬가〉. 안에 가우가 들
어 있는 유리 큐브.

의 미술관을 세우겠다고 마음먹게
된 이유는 자만심 때문이 아니라
친구들이 적극 권했고 본인도 한
번쯤 자신의 예술 인생을 되돌아보
고 싶었기 때문이다. 피카소에게는
별도의 작품으로 존경과 애정의 마
음을 표했다. 피카소 거리 근처 시
우타데야 공원Parc de la Ciutadella H5에 설치된 정육면체의 거대한 기념물은 흐
르는 물과 다채로운 빛으로 장식한 유리 집으로 피카소를 향한 타피에스
의 경의를 담고 있다.

미술관 설립의 신호탄은 바르셀로나 시에서 먼저 쏘았다. 시는 최고 입
지의 시 소유 낡은 출판사 건물을 선뜻 내놓았다. 우아한 명품 옷 가게가
즐비한 그라시아 거리에서 불과 100여 미터 떨어진 아라고 거리 255번지
였다. 가우디의 경쟁자 몬타네르가 1885년에 지은, 화려한 카탈루냐 유
겐트 양식과 아랍식 장식이 돋보이는 그 건물을 본 순간 타피에스는 그만
홀딱 반해 당장 미술관 프로젝트에 돌입했다. 개보수 작업 대부분도 시에
서 맡았다. 전시 작품은 타피에스가 미술관에 기증했지만 소유권은 타피
에스에게 있다. 안토니 타피에스 미술관은 1990년에 문을 열었다. 몬타
네르와 타피에스라는 위대한 두 예술가가 만나 모더니즘 건축과 카탈루
냐 미술이 하나로 결합된 위대한 역사의 현장이다.

붉은 벽돌 건물은 파사드만으로도 멋진 볼거리다. 대문은 2개의 탑이 지키고 있고 좌우 각 3개의 수직 기둥이 3층 건물의 전면을 나누고 있다. 위쪽에는 3개의 테라코타 반신상이 서 있는데 위대한 문학가 단테, 세르반테스, 밀턴이다. 천사와 트럼펫 장식은 독립 왕국으로 화려했던 카탈루냐의 과거를 상징한다.

타피에스 역시 이 아랍풍 파사드를 존중해 전혀 손대지 않았다. 하지만 도저히 몸이 근질겨려 참을 수가 없었던지 조각 작품 〈구름과 의자Núvol i cadira〉(1990)를 건물 위에 얹었다. 스테인리스 강철과 은박 알루미늄 관으로 만든 높이 12.7미터, 폭 24미터, 깊이 6.8미터의 작품이다. 건너편에서 보면 마치 누군가가 철조망을 들고 미쳐 날뛰는 것 같다. 그러나 그것은 의자와 구름을 주제로 삼은 위대한 예술 작품이다. 타피에스는 반복적인 모티브를 통해 심오하고 명상적인 그의 꿈들을 표현하고자 했다.

안토니 타피에스 미술관은 빛이 환히 들어오는 전시실에 600점이 넘는 작품을 전시하고 있다. 목탄과 잉크로 그린 스케치들 〈그림Dibuix〉(1948), 캔버스에 혼합 기법을 사용한 〈분홍과 파랑 회화Pintura rosa i blava〉(1959), 목재에 혼합 기법을 사용한 〈상징적인 파랑Blau emblemàtic〉(1971), 〈매트리스Matalàs〉(1987) 등이 대표작이다.

타피에스는 2010년 2월 6일 눈을 감는 순간까지도 뉴욕, 도쿄, 마드리드를 오가며 전시회를 열었다. 그래도 타피에스가 바르셀로나에 머무는 시간은 점점 늘었다. 그는 나이를 생각해 몰리나 광장 근처 산 헤르바시 지구의 작업실이 딸린 편안한 아파트에서 살았다. 가끔 카사 푸스테르 호텔Casa Fuster **17** D2의 카페 비에네스에 들러 식사를 했는데 집에서 불과 1킬로미터 떨어진 그라시아 거리 맨 위쪽에 있는 호텔이다. 호텔 카사 푸스테르를 집처럼 편안하게 생각한 이유는 그 건물이 안토니 타피에스 미술관과 마찬가지로 몬타네르가 지은 화려한 유겐트 양식이었기 때문이다.

둥근 쇠테 안경 너머로 비판적인 시선을 던지던 안토니 타피에스는 죽는 날까지 그림을 그렸다. 바르셀로나 시와 맺은 계약서에는 해마다 최소한 작품은 미술관에 기증하기로 약정되어 있었다. 그 덕분에 그가 생애 마지막에 그린 신비한 그림들은 모두 미술관에 걸려 있다. 그는 절대 자신의 작품들을 추상이라고 생각하지 않았다. 오히려 현실의 모사라고 주장했다. 그것이 안토니 타피에스의 진심이었다.

바르셀로나 현대미술관 22 F5
Plaça dels Àngels 1 , El Raval
www.macba.es
▶지하철 : 우니베르시타트 Universitat

안토니 타피에스 미술관 13 E3
Carrer d´Aragó 255 , Eixample
www.fundaciotapies.org
▶지하철 : 파세이그 데 그라시아 Passeig de Gràcia

카사 푸스테르 호텔 17 D2
Passeig de Gràcia 132 , Eixample
www.hotelescenter.es / casafuster
▶지하철 : 파세이그 데 그라시아 Passeig de Gràcia

가브리엘 가르시아 마르케스 1927~2014
바르셀로나에 빛을 더한 세계적인 스타 작가

바르셀로나에 왔을 당시 콜롬비아 작가 마르케스는 이미 세계적인
스타 작가였다. "왔노라, 보았노라, 이겼노라." 바르셀로나의 바에서도,
지식인 모임에서도 그는 인기 있는 작가였다.

눈앞에 펼쳐진 듯 구체적인 장면, 거칠 것 없이 날개를 펼친 상상력, 도
취한 듯 써내려가는 글쓰기의 욕망, 마르케스는 이 모든 것의 마술사였
다. '마술적 리얼리즘' 소설《백년 동안의 고독*Cien años de soledad*》(1967)
은 3천만 부 이상이 팔렸고 1982년 그에게 노벨문학상을 안겨 주었다.
1927년 콜롬비아에서 태어난 마르케스는 1.4킬로미터에 이르는 바르셀
로나 산책로에 마법처럼 홀렸다. 람블라스 거리가 자석처럼 그를 끌어당
겼던 것이다.

　친구들은 마르케스를 '가보'라고 불렀다. 가보는 1969~1975년까지 바
르셀로나에서 살았다. 익명의 대중 속으로 잠수하고 싶었던 그에게 카탈
루냐의 수도가 6년 동안 피신처이자 은신처였던 셈이다. 1967년에 쓴《백
년 동안의 고독》이 엄청난 인기를 누리면서 작가의 혼을 쏙 빼놓은 데다
마약 마피아 탓에 어지러운 콜롬비아의 정치 상황이 일반인들까지 위험
한 지경에 이르자 마르케스는 잠시 바르셀로나 시민이 되기로 결심했다.

마술적 리얼리즘의 대표 작가 가브리엘 마르께스는 6년 동안 바르셀로나에 살았다.

마르께스가 거처하기로 정한 곳은 티비다보 발치의 부촌 사리아 지구였다. 조용한 이면도로 카포나타 거리 6번지의 현대식 아파트 앞에는 이틀에 한 번 꼴로 택시가 멈춰 서서 그를 기다렸다. 베네치아의 산 마르코 광장보다 비둘기가 더 많은, 도시의 심장 카탈루냐 광장으로 마르께스를

카탈루냐 광장의 카페 취리히는 '가보' 마르케스의 단골 술집 중 하나였다.

데려갈 택시였다. 그곳에서 그가 가장 좋아했던 곳은 목재와 가죽, 대리석 탁자로 장식한 카페 취리히^{Café Zurich F5}였다.

마르케스가 바르셀로나에 살던 시절 지식인들의 만남의 장소였던 그 카페는 점차 관광객들의 카페로 변해 가는 중이다. 새 건축주들이 그곳을 허물고 현대식 콘크리트 건물을 지은 다음, 옛날 인테리어 그대로 카페를 다시 건물에 집어넣었다. 옛 건물이 헐려 애석하지만 다행히 테라스에서 '카날레테스 분수^{Font de Canaletes}'를 볼 수 있다.

람블라스 거리의 '람블라'는 아랍어 '알 람블'에서 온 말로 '자연의 강바닥'이라는 뜻이다. 람블라스 거리를 흐르던 강은 14세기에 말라붙었고, 1735년에는 하수 시설이 설치되었으며, 1781년에는 최초의 가로등이 대로를 환하게 밝혔다. 그중 몇 개는 지금까지도 남아 있다. 1970년, 마르케스는 스페인 신문에 '노스텔지어의 노스텔지어'라는 제목으로 바르셀로나의 대동맥을 찬양하는 글을 실었다. "람블라스 거리는 예전보다 더 활기가 넘치고 더 이채로웠으며, 삶의 빛과 색으로 여전히 화려했다. 1월인데 벌써 반라 차림인 풍채 좋은 스웨덴 여자들의 시끄러운 무리 한가운데에는 난민 여성들이 어떻게든 살아 보려고 아이를 둘러업고 좌판에 하잘 것 없는 물건을 가득 담아 메고서 팔러 다녔다."

어쩌면 마르케스 역시 낡은 신문 가판대와 청동의 카날레테스 분수 사이에 있는 수많은 나무 벤치 중 하나에 앉아서 이 찬양문을 썼을지도 모른다. 1950년대만 해도 람블라스 거리에는 글을 잘 쓰는 사람들, 소위 '대서소'가 흔들리는 접이식 책상을 놓고 업무를 봤다. 이 거리의 첫 구간은 당시에도 런던 하이드 파크의 스피커스 코너Speakers' Corner, 자유 발언대처럼 항상 시위대와 토론객들로 붐볐다. 가난하건 돈이 많건, 양복을 입었건 배낭을 멘 관광객이건 모두가 이곳에 모여 정치 토론을 벌였다. 특히 바르샤의 경기는 언제나 열띤 토론의 주제였다.

활기찬 거리를 사랑하다
콜롬비아 작가 마르케스 역시 자타가 공인한 바르샤 팬으로 적극적으로 토론에 참여했다. 하지만 세계적으로 유명했던 그의 책과 달리 토론 실력은 바르셀로나에서 크게 인정받지 못했던 것 같다. 그래도 바로 맞은편 타예르스 거리 모퉁이의 보아다스 칵테일 바Boadas Cocktails **2** F5에서는 그나마 사정이 좀 나았다. 우아한 바에서 마르케스는 마음이 잘 통하는 동료 작가 마누엘 바스케스 몬탈반이나 마리오 바르가스 요사를 만났다. 이 칵테일 바는 지금까지 인테리어도 스타일도 전혀 변한 것이 없다.

조금 더 아래쪽으로 내려가면 이국적인 분위기를 풍기는 람블라 델스 에스투디스Rambla dels Estudis에 애완동물시장이 있다. 앵무새가 가득한 새장이나 거북이를 진열한 노점상도 있다. 1960년대엔 이곳에서 "입양을 원합니다"라는 팻말을 단 아기를 품에 안고 있는 여자들도 볼 수 있었다. 삼각형 헬멧을 쓴 무서운 민병대가 다가오면 여자들은 얼른 팻말을 치웠다.

요즘에는 특히 람블라스의 이 구간에 동상으로 분장한 예술가들이 많다. 돈 소리가 나면 체게바라가 웃고, 플라멩코 무희가 부채를 흔들고, 드라큘라가 관에서 벌떡 일어난다.

람블라스 거리의 10여 개의 꽃가게에선 결혼식용과 장식용 패랭이꽃과 장미꽃을 판다. 시인 페데리코 가르시아 로르카도 '향기, 화려함, 매력적인 꽃 파는 여인들'에 열광한 바 있다. 1935년 그는 작품《독신녀 도나 로지타*Doña Rosita la soltera o el lenguaje de las flores*》를 그 여인들에게 바쳤다.

'가보' 마르케스처럼 인생을 즐길 줄 아는 사람이 바르셀로나의 심장 보케리아 시장^{Boquería} 5 F6에 안 들렀을 리 만무하다. 이어지는 람블라 델스 카푸친스 거리 양쪽에는 화려한 건물들이 쭉 늘어서 있다. 리세우 대극장^{Gran Teatre del Liceu} 16 G6, 오리엔테 호텔^{Hotel Oriente} 18 G6, 유서 깊은 카페 데로페라^{Café de L'Opera} 6 G6, 달콤한 빵과 케이크가 가득한 파스텔레리아 에스크리바^{Pastelería Escribá}와 누데라람블라 거리 초입의 구엘 저택^{Palau Güell} 28 G6 등이다. 이 람블라스 거리 양쪽의 철제 테라스 카페에 앉으면 거리의 예술가와 꽃 파는 여자들은 물론이고 소매치기까지 각자 나름대로 열심히 살아가는 사람들을 한눈에 볼 수 있다.

마르케스는 람블라스 거리를 따라 항구 근처의 람블라 데 산타 모니카^{Rambla de Santa Monica} G7까지 걸어갔다. 콜럼버스 기념탑과 좌측의 밀랍인형박물관^{Museo de Cera}에 도착하기 직전의 20번지가 바로 그의 단골 레스토랑 아마야^{Amaya} 33 G6/7다. 바스크 음식, 해산물 요리에 차가운 사과 와인 시드라

작가가 즐겨 찾았던 보케리아 시장의 과일
가판대.

등 메뉴도 그때와 거의 바뀐 것이
없다. 마르케스를 6년 동안이나
붙잡아 둔 바르셀로나의 매력은
'람블라스 거리를 향한 향수'뿐
만이 아니었다. 카탈루냐의 수도
바르셀로나는 100년 넘게 스페
인 문학의 중심지이기도 했다. 카
탈루냐어뿐 아니라 카스티야어로 출간되는 책이 한 해에만 마드리드의
10배를 넘었다. 또한 1960년대 중반 바르셀로나에서는 프랑코 정부를 비
판하는 지식인 모임 '가우체 디비네'가 결성됐다. 교수, 예술가, 작가, 살
롱 좌파는 물론이고, '빵을 겨드랑이에 끼고 태어난' 유복한 집안의 자제
들까지 모임에 들어왔다. 대부분 외국에서 유학 후 다시 사리아로 돌아온
이들이었다.

  흰 수염이 풍성한 요트 마니아 출판업자 카를로스 바랄도 가우체 디비
네의 주요 인물 중 한 사람이었다. 그는 스페인 현대 문학 작품들을 출판
했고 무엇보다 남미 출판업계에서 대단한 명성을 누리고 있었다. 그렇기
에 페루에서 온 요사와 콜롬비아에서 온 마르케스가 이 불안한 지식인들
의 모임에 큰 매력을 느낀 것도 결코 우연은 아니었다. 또한 요사와 마르
케스가 거의 동시에 카포나타 거리Carrer de Caponata로 이사를 온 것도 우연은
아니었다. 두 소설가에게 가우체 디비네의 네트워크는 가족을 대신하는
지적 공동체였다.

세련됐지만 작은 마을 같은 분위기의 사리아에서 장을 보다 서로 만나기도 하고, 지금도 여전히 폭발적인 인기를 끄는 마요르 거리의 포익스 데 사리아 제과점Foix de Sarrià 11 F5에서 조각 케이크와 카라멜 봉봉을 곁들여 커피 한잔을 마시다가도 만났다. 두 사람은 가우체 디비네의 저녁 토론회에도 빠지지 않았다. 마르케스는 1959년에 이미 친구 피델 카스트로로부터 쿠바 혁명의 승리를 주제로 책을 써달라는 부탁을 받을 정도로 원래부터 사회주의자였다. 그래서 완전히 좌익으로 기울지는 않은 마리오 바르가스 요사와 순수 사회주의 이론을 두고, 또 점차 허약해져 가는 프랑코 독재가 민주주의로 이행될 것인가를 두고 격론을 벌였다. 요사는 2010년 노벨문학상을 받은 작가다.

마르케스는 토론을 했지만 요사는 상처를 받다

하지만 그들의 토론은 결국 요사가 마음에 상처를 입고 카포나타 거리를 떠나 비아 아우구스타로 이사가 버리는 것으로 끝이 났다. 가우체 디비네에서 독일 작가 한스 마그누스 엔첸스베르거까지 초빙해 요사의 새 집에서 와인을 마시고 타파스를 먹으며 피델 카스트로에게 보내는 공개 서한을 작성했지만 요사는 그 편지가 마음에 들지 않았다. 자신의 세 자녀가 학교에서 공식 스페인어인 카스티야어뿐 아니라 카탈루냐어까지 배우는 점도 마음에 들지 않았다. 결국 1974년, 요사는 바르셀로나를 떠나 고향으로 돌아갔다. 그럼에도 불구하고 요사는 훗날 〈엘 파이스El País〉와의 인터뷰에서 다음과 같이 말했다. "바르셀로나에서의 시절은 행복했습니다. 아니, 그곳에서 난생처음 진정으로 행복했습니다."

마르케스는 바르셀로나를 사랑했고 큰 발코니와 야자나무 정원이 근사한 호화 아파트 생활을 한껏 누렸다. 좌파 지식인이 어떻게 프랑코 정부의 배타와 검열을 아무 문제 없이 잘 참고 견뎠을까? 거기에는 나름의 이유가 있었다. 마르케스는 바르셀로나에서 남미 독재자의 흥망성쇠를 그린 소설《족장의 가을*El otoño del patriarca*》(1975)을 집필했다. 당연히 프란시스코 프랑코야말로 소설 주인공의 모델로서 적임자라고 생각했을 것이다. 더구나 프랑코 역시 세상을 떠나기 5년 전부터는 모든 권력을 한손에 장악한 1인 독재자는 아니었다. 프랑코가 세상을 떠날 당시 이미 《족장의 가을》은 완성되었고 마르케스는 바르셀로나를 떠났다. 그는 조국 콜롬비아에서 좌파 자유주의 일간지 〈엘 오트로El Otro〉와 정치 잡지 〈캄비오Cambio〉를 창간했다. 하지만 '안전상'의 이유로 가족과 함께 멕시코시티의 외곽에 살았다.

한때 이웃이었던 바르가스 요사와의 우정은 1986년에 완전히 끝났다. 요사가 국제 펜클럽PEN, 국제 문학가 단체 회의에서 사회주의 시스템을 무비판적으로 극찬한 마르케스를 '카스트로의 간신'이라고 비판한 것이다. 바르셀로나에서 시작된 우정은 안타깝게도 그렇게 생명을 잃고 말았다.

보아다스 칵테일 바 **2** F5
Carrer dels Tallers 1
www.boadascocktails.com
▶지하철 : 에스파냐 Espanya

아마야 레스토랑 **33** G6/7
La Rambla 20
www.restauranteamaya.com
▶지하철 : 드라사네스Drassanes

포익스 데 사리아 제과점 **11** F5
Carrer Major de Sarrià 57
www.foixdesarria.com
▶지하철 : 사리아 Sarria

몬세라트 카바예 1933~

Montserrat Caballé

전 세계 오페라하우스를 정복한 카탈루냐 여성

바르셀로나에서 태어난 여가수는 전 세계 도시를 정복했다.

뉴욕, 밀라노, 런던, 파리에서 크게 성공한 카바예는 고향으로 돌아와

리세우의 무대로 복귀했다.

탯줄이 아기의 목을 칭칭 감았다. 아기의 얼굴색이 파랗다 못해 까맣게 변했고 자칫하다가는 숨을 못 쉬어 죽을 지경이었다. 1933년 4월 12일 밤 9시경, 디괄라다 거리^{Carrer d'Igualada D1}의 작은 집으로 달려온 콤파니 박사가 구원의 손길을 뻗치지 않았더라면 위대한 오페라의 디바 '마리아 데 몬세라트 비비아나 콘셉시온 카바예 이 폴크'는 아마 이 세상에 없었을 것이다. 마리아 칼라스 이후 최고의 서정적 소프라노, 친구들과 바르셀로나의 팬들이 '몽세'라고 부르는 몬세라트 카바예.

몬세라트는 카탈루냐에서 아주 흔한 이름으로 '산'이라는 뜻의 '몬타나'와 '톱'이라는 뜻의 '시에라'에서 온 말이다. 바르셀로나에서 북서쪽으로 30킬로미터 떨어진 곳에 톱날처럼 삐쭉삐쭉한 산 몬세라트가 있다. 몬세라트 수도원과 중세 은자들의 암자, 1200년에 만든 검은 마리아상 때문에 카탈루냐 사람들은 그 산을 신성한 산으로 숭배해 '마리아 데 몬세라트'라고 부른다.

전 세계 오페라하우스를 정복한 위대한 성악가 몬세라트 카바예는 바르셀로나에서 태어나 지금까지 그곳에서 살고 있다.

소녀는 에이샴플레 동쪽에 있는 포블레트^{마을이라는 뜻}지구에서 자랐다. 디콸라다 거리는 미완의 사그라다 파밀리아 성당^{Sagrada Familia} **39** G1 근처에 있다. 당시 포블레트 지구는 몹시 작은 마을이었고 소시민적인 분위기였다. 사그라다 파밀리아가 관광지가 된 덕분에 이곳에도 카페와 레스토랑,

람블라스 거리의 오페라하우스 리세우 대극장은 화재로 전소되었지만 다시 완벽하게 재건되었다.

기념품 가게, 옷 가게 등이 생겼고 점차 부유한 동네가 되었다. 하지만 당시에는 대부분의 바르셀로나 사람들이 가우디의 성당 건축을 반대했다. 가우디를 돈이나 펑펑 써대는 과대망상증 환자로 취급했다.

카바예의 어린 시절은 가난의 연속이었다. 안 그래도 연일 계속되는 총파업과 무능한 정부 탓에 어려웠던 바르셀로나의 경제가 내전에 이은 제2차 세계대전으로 날로 힘들어졌다. 아버지 카를로스의 작은 생필품 가게는 온 가족을 부양하기에 턱없이 부족했다. 설상가상으로 아버지가 병까지 들자 어머니 안나가 빨래와 바느질로 생계를 꾸렸고 어린 몬세라트도 나서서 어머니를 도왔다.

학창 시절 카바예는 역사와 지리를 제외하고는 학교 공부에 큰 관심을 보이지 않았다. 물론 음악만은 예외였다. 7살 때 오페라 〈나비부인〉 입장권을 선물로 받은 카바예는 돈 많은 사람들이 즐겨 찾는 리세우 대극장 Gran Teatre del Liceu **16** G6에서 메르세데스 카프시르Mercedes Capsir의 목소리에 반했고 나비부인의 죽음에 충격을 받았다. 이날 밤은 그녀의 삶에 큰 영향을 준, 잠자고 있던 음악적 야망을 일깨워 준 특별한 밤이었다. 1940년 크리스마스 날, 카바예는 부모님께 선물로 〈나비부인〉 중 아리아 '어느 갠 날'을 불러 드렸다. 며칠 후 부모는 딸을 유명한 리세우 음악원으로 데려가 청각학과 화성악 수업을 받게 해주었다.

음악 교사는 카바예의 비범한 재능과 의지에 감동해 장학금을 지급해 줄 후원자를 추천해 주었다. 바르셀로나 부유층에게는 예술 후원이 일상적인 일이었고, 그 전통은 지금까지도 남아 있다. 카리브 해 식민지 무역으로 부자가 된 베르트란드 가문이 카바예의 노래를 듣고 몇 년 동안 장학금을 후원하겠다고 나섰다. 이제 그녀는 하루 종일 음악원에서 수업을 들을 수 있게 되었다. 또 12살에는 발레 수업까지 받았는데 너무 비쩍 말라 체력을 키우기 위해서였다.

노래를 부르러 바젤로 가다

카바예가 좋아했던 역할은 〈피가로의 결혼〉의 수잔나, 〈라보엠〉의 미미, 〈람메르무어의 루치아〉의 루치아 등 서정적인 소프라노 역이었다. 1955년 그녀는 〈피가로의 결혼〉 2막 알마비바 백작 부인의 아리아와 〈마탄의 사수〉 1막에서 아가테가 부르는 〈구름은 하늘을 가려도〉로 리세우 음악원의 졸업 시험을 통과했다. 음악 교사들은 열광했다. 하지만 카바예가 서고 싶었던 고향의 오페라하우스에는 그녀를 위한 자리가 없었다. 그래서 경험을 쌓기 위해 유럽 투어를 떠났다. 첫 무대는 이탈리아였다. 그러나 운이 따라 주지 않았고 나쁜 매니저를 만나 좌절하는 일이 계속됐다. 그럼에도 카바예는 노래하고 싶었고 경험을 쌓고 싶었기에 3년 예정으로 바젤로 갔다. 바르셀로나 사람들 눈에는 작은 소도시에 불과했지만 그곳에서 그녀는 원대한 야망과 행운 덕분에 곧 프리마돈나가 되었다. 1959년, 헤르베르트 폰 카라얀이 지휘하는 빈 국립 오페라하우스의 〈살로메〉 공연에서 살로메 역을 맡아 첫 게스트 주연으로 출연했다. 빈 국립 오페라하우스는 카바예에게 5년 전속 계약을 제안했지만 대단한 소프라노들 틈에서 대역 신세가 되고 싶지 않아 거절했다.

뉴욕, 파리, 런던이 부르다

브레멘 오페라극장에서 3년 더 훈련을 거친 후인 1962년 1월 7일, 카바예는 떨리는 가슴으로 고향 리세우에서 오페라 〈아라벨라〉로 데뷔 무대를 가졌고, 그날 이후 바르셀로나 사람들의 가슴엔 그녀가 깃들어 있다. 곧장 세계 무대로 진출한 카바예는 런던 카네기 홀에서 공연한 도니제티의 〈루크레치아 보르지아〉와 뉴욕 메트로폴리탄 오페라하우스 공연으로 세계적인 스타가 되었다. 이탈리아 작곡가 로시니, 베르디, 푸치니, 빈센초 벨리니의 오페라를 노래한 디바는 1960년대 들어 빈과 뮌헨, 파리, 브뤼셀의 무대를 주름잡았고, 런던과 뉴욕에도 자주 등장했다.

1966년 4월 16일, 카바예는 밀라노에서 레나타 테발디와 비르기트 닐손과 함께 공연했고 음반 계약으로 엄청난 돈도 벌었다. 세계 곳곳에서 '디바'라는 찬사가 쏟아졌다. 특히 정기적으로 출연하는 리세우의 무대는 그녀를 오페라의 여왕으로 떠받들었다. 1970년 1월 8일 리세우에서 벨리니의 오페라 〈노르마〉를 노래했을 때는 비평가들로부터 마리아 칼라스의 후계자라는 칭송을 받았다. 이날 밤은 당시 23살이던 호세 카레라스를 무대로 끌어 준 날로도 기억된다. 그 후에도 카바예는 파리, 밀라노, 뉴욕

세계에서 가장 화려한 콘서트홀 중 하나인 카탈라나 음악당.

을 오가며 세계 최고 무대에서 노르마를 연기했다.

투어와 축제를 오가면서도 카바예는 바르셀로나 오페라 가수 베르나 베 마르티와 결혼해 딸 몬트시타와 아들 베르나베를 두었다. 가족을 생각해 여행을 최대한 줄인 덕분에 리세우의 무대에 더 자주 올랐다. 대부분 카레라스나 플라시도 도밍고와 함께였다. 게다가 유겐트 양식으로 호화롭게 꾸민 아름다운 카탈라나 음악당Palau de la Música Catalana 27 G4에서 가끔씩 솔로 콘서트를 열었다. 그리고 매년 뉴욕의 메트로폴리탄 오페라하우스에 갈 때는 항상 가족과 함께 했다.

1987년 초에는 카바예 같은 세계적인 스타도 바짝 긴장하는 일이 생겼다. 그녀가 바르셀로나의 리츠 호텔에서 또 다른 세계적인 스타를 만난 것이다. 영국 록그룹 '퀸'이 바르셀로나 공연을 마치고 리드싱어인 프레디 머큐리가 TV 인터뷰에서 이렇게 말했다. "제겐 카바예가 스페인에서 제일 중요한 사람입니다." 그리고 그녀를 꼭 보고 싶다는 말도 덧붙였다. 시기가 딱 맞은 것이 안 그래도 당시의 바르셀로나 시장이 카바예에게 1992년 바르셀로나 올림픽에서 부를 노래를 만들어 달라고 부탁한 참이었다. 리츠 호텔의 스위트룸에서 그녀는 프레디 머큐리의 곡과 데모 음반을 들었다. 그리고 1주일 후 런던 로열 오페라하우스에서 솔로 공연을 마친 카바예가 켄싱턴에 있는 머큐리의 빌라를 찾아갔다. 그들은 새벽까지 리허설을 하고 노래를 불렀다. 1988년, 명곡 〈바르셀로나〉는 그렇게 탄생했고 바르셀로나 올림픽의 공식 주제가로 선정되었다. 그러나 두 사람의 올림픽 무대는 이루어지지 못했다. 프레디 머큐리가 1991년 에이즈로 갑자기 사망함에 따라 주제가 선정이 취소되고 호세 카레라스와 사라 브라이트만이 부른 〈영원한 친구Amigos para Siempre〉로 대체되었다.

그라시아 지구에서 살다

카바예의 명성은 높아져 갔지만 공연은 줄었다. 리세우 대극장 등 최고의 오페라하우스 무대에만 올랐다. 2007년 빈 국립 오페라하우스에서 도니체티의 〈연대의 딸〉의 후작 부인 부분을 노래했을 때는 목소리가 힘을 잃었다는 비평을 받았다. 이제는 그녀를 무대에서보다 그라시아 지구에서 더 자주 만날 수 있다. 비아 아우구스타와 발메스 거리 사이의 작은 샛길에 카파예의 아파트가 있고, 그곳에서 불과 2킬로미터 떨어진 곳에 어린 시절을 보냈던 포블레트 지구가 있다.

그라시아 시는 1897년에 이미 바르셀로나로 편입되었다. 그럼에도 이 지구에 사는 '그라시아노'들은 작은 광장과 맛난 식당, 옷 가게가 즐비한 그라시아를 여전히 자신들만의 마을이라고 생각한다. 에이샴플레 지구의 북쪽에 자리한 그라시아는 지난 20년 동안 학자와 예술가, 부유한 외국인들이 가장 살고 싶어 하는 주택가로 인기가 높아졌다. 관광객들이 밀려들지 않는 쾌적한 생활 공간이기 때문이다. 카탈루냐 음식을 정말 좋아하는 카바예는 라포르하 거리 11번지의 레스토랑 라 포르테리아^{La Portería}36 C1와 그라시아 거리의 카사 푸스테르 호텔^{Casa Fuster}17 D2의 단골이다. 카사 푸스테르는 100년 전 몬타네르가 지은 모더니즘 건축의 걸작으로 옥상의 풀장과 칵테일바가 유명하다. 카바예도 이곳에 가끔 들러 도시의 화려한 풍경을 즐긴다. 19세기에 만든 빌라 데 그라시아 광장^{Plaça de la Vila de Gràcia}의 시계탑 옆 작은 광장의 카페도 카바예의 단골 가게다. 세계적인 스타는 사인을 청하면 언제든 흔쾌히 응해 준다고 한다.

라 포르테리아 레스토랑 36 C1

Carrer de Laforja 11
▶지하철 : 폰타나 Fontana

리세우 대극장 16 G6

La Rambla 51~59
www.liceubarcelona.cat
▶지하철 : 리세우 Liceu

카탈라나 음악당 27 G4

Carrer del Palau de la Música 4~6
www.palaumusica.org
▶지하철 : 우르키나오나 Urquinaona

마누엘 바스케스 몬탈반 1939~2003
탐정 페페 카르발로를 창조한 작가

그는 정치적인 작가였고 추리소설을 썼다. 열정을 다해 도시의
어두운 면을 그려냈지만 인생을 신나게 즐길 줄도 알았다. 절반이 빈
와인글라스는 절반이 차 있다는 사실을 누구보다 잘 알았기 때문이리라.

도시를 대각선으로 가로지르는 디아고날 거리 위쪽에서 문타네르, 발메
스, 아리바우 같은 남북 방향의 대로를 타고 도시의 북쪽을 향해 달리면
바르셀로나에서 제일 높은 해발 517미터의 티비다보 산이 눈에 들어온
다. 놀이공원에선 알록달록한 거대한 관람차가 빙빙 돌아간다. 롤러코스
터가 경사진 궤도를 덜거덕거리며 달리고, 스타 건축가 노먼 포스터 경이
1992년 올림픽을 기념해 세운 유리 송신탑 쾨세롤라 타워Torre de Collserola가
달로켓처럼 빛을 던진다. 파리의 사크레쾨르 대성당을 본떠 만든 사그라
트코르의 석상 예수는 온 도시를 축복하려는 듯 그보다 더 높은 곳에 우
뚝 서 있다.

　그곳에서 직선 거리로 불과 600미터 떨어진 곳, 티비다보가 보이는 조
용하고 자그마한 바이비드레라 지구에서 작가 마누엘 바스케스 몬탈반
이 2003년 세상을 떠날 때까지 아내 안나, 아들 다니엘과 함께 30년 동
안 살았다. 그의 정원에선 "사리아 지구 전체와 그 너머 비아 아우구스타

정치적 두뇌, 비판 정신, 마누엘 바스케스 몬탈반은 바르셀로나를 배경으로 추리소설을 썼다.

는 물론이고 이산화탄소의 바다에 익사한 도시의 흐릿한 지평선까지 보였다"고 추리소설《남쪽 바다*Los mares del sur*》(1979) 속 자신의 문학적 자아인 탐정 페페 카르발로의 입을 빌어 말했다. 하지만 바르셀로나는 연중 300일이 화창한 날이다. 그래서 바르셀로나를 찾는 대부분의 사람들은

티비다보 놀이공원. 아름다운 전경을 볼 수 있어 한 번쯤 가볼 만하다.

사회비판적인 몬탈반의 시각을 공감할 수 없을 것이다. 찬란하게 푸른 하늘 아래로 촛농을 뚝뚝 흘리는 거대한 밀납초를 닮은 사그라다 파밀리아의 탑들과 유겐트 양식의 에이샴플레, 구시가지 아래 콜럼버스 기념탑이 있는 항구까지 환상적인 풍광을 즐길 수 있을 테니 말이다. 티비다보에서 내려다보면 아메리카 대륙을 발견한 영웅도 성냥개비 같아 보인다. 그래서 세상사가 힘겨울 때 그곳에 서면 세상이 별 것 아니라고 위로받으며 힘을 낼 수도 있을 것이다.

몬탈반 역시 스페인 최대 일간지 〈엘 파이스El País〉의 칼럼니스트로서 티비다보의 의미에 대해 글을 썼다. "티비다보, 내 너에게 주노라." 이 산에서 악마는 예수를 유혹하기 위해 화려한 도시를 미끼로 내밀었다. 그러나 예수는 유혹을 물리쳤고 이제는 동상이 되어 바르셀로나의 제일 멋진 전망대에 서 있다.

몬탈반은 단골 술집 보아다스 칵테일 바^{Boadas Cocktails} **2** F5에서 모히또와 포트와인을 마시며 열띤 토론으로 긴 밤을 지새웠다. 동이 트면 택시를 타고 라발의 유흥가를 벗어나 도심을 가로질러 성첩과 뾰쪽한 아치로 장식한 부자들의 별장 틈에 있는 라 로톤다^{La Rotonda}로 달려갔다. 몬탈반을 비롯한 당시의 저항 예술가들은 반 프랑코 투쟁 계획을 짜기 위해 이곳으로 자주 모였다. 그곳에서 북쪽으로 불과 100미터 떨어진 곳에서 100년 전통의 파란 전차 트람비아 블라우가 출발한다. 커브길인 티비다보 거리를 따라 독토르 안드레우 광장까지 덜컹거리며 오른다. 그러면 그곳에서 출발하는 케이블카 푸니쿨라가 놀이공원까지 곧바로 올라간다.

사회비판적인 미식가 탐정 카르발로를 주인공으로 1972년부터 2001년까지 출간된 그의 추리소설들은 엄청난 판매 부수를 자랑하며 23개 언어로 번역되었다. 작가는 조용한 아침녘의 티비다보를 사랑하지만 알고 보면 구시가지 중에서도 람블라스 거리 동쪽의 유흥가 라발 지구에서 자랐다.

마누엘 몬탈반은 1939년 갈리치아에서 일자리를 찾아 바르셀로나로 건너온 이주 노동자의 아들로 당시만 해도 빈촌이던 라발 지구의 보테야 거리에서 태어났다. 노멘 에스트 오멘^{Nomen est Omen}! 이름이 운명을 결정한다 했던가. '보테야'는 병이라는 뜻이다. 몬탈반도 그의 소설 주인공도 이웃 페네데스 지방의 고급 드라이 화이트 와인을 사랑한다. 탐정 페페 카르발로 역시 갈리치아 출신이다. 이름 카르발로^{Carvalho}에 'h'가 들어간 것은 갈리치아가 포르투갈에 가깝기 때문이다. 따라서 작가도 주인공 탐정도 카탈루냐의 자치를 위해 싸우는 대신 프랑코 독재 기간 동안 민주주의와 사회주의를 위해 투쟁했다. 젊은 시절 몬탈반은 공산당에 입당했고 삐라를 작성했으며 불법 집회에서 연설을 했다. 대학에 다닐 때는 아버지가 그랬듯 구금되기도 했다. 1962년 그는 18개월 동안 감옥살이를 했다. 그곳에서 첫 아방가르드 시를 썼고 정치 에세이를 풍자로 포장할 줄 아는 통찰력도 얻었다. 몬탈반은 교황 요한 23세가 세상을 뜨면서 사면되어 자유를 되찾았다.

그의 구역은 홍등가

몬탈반의 사회 정치 의식은 1960년대의 라발 지구, 높은 실업률, 집회 금지, 가난과 마약, 홍등가에서 탄생했다. 당시 그곳의 좁은 골목엔 술집들이 줄지어 늘어서 있었다. 프랑코 치하의 가톨릭 국가 스페인은 피임과 공공장소에서의 애정 행각, 매춘을 엄격하게 금지했지만 거대한 미국 전함들이 항구로 들어올 때면 라발에 참새 떼보다도 많은 매춘부들이 몰려들었다. 이 실패한 자들의 거리에서 몬탈반은 자신의 이야기를 찾아냈다. 그의 단골 레스토랑 카사 레오폴도Casa Leopoldo **35** F6는 산트 라파엘 거리에 있었다.

"한 나라를 이해하려면 그 나라의 빵을 먹어 보고 그 나라의 와인을 마셔 보아야 한다." 몬탈반은 마르크스의 이 말을 카사 레오폴도에서 생선을 먹고 화이트 와인을 마시며 실천에 옮겼다. 그의 주인공 카르발로 역시 작품마다 마르크스의 이 말을 입에 올린다. 카르발로 역시 인생을 즐길 줄 아는 미식가요 혁명가이며, 람블라스 거리에 사무실을 두고 매춘부 차로를 사랑하며, 람블라스 거리 20~24번지 작은 바 산루카르에서 와인을 마신다. 안타깝게도 지금은 그 자리에 패스트푸드점이 들어와 있다.

라발 지구는 아직 옛 모습이 남아 있는 바르셀로나의 마지막 지구이다. 그나마 옛 정취가 완전히 불도저에 밀려 사라지지는 않았다. 물론 매춘

몬탈반의 단골 레스토랑 카사 레오폴도. 안타깝게도 현재는 문을 닫았다.

부는 많이 사라지고 그 자리를 아랍인, 인도인, 남미인들의 이국적 가게들이 채우고 있다. 한때 소문난 유흥가였던 파랄렐 거리에도 악명 높던 1960년대의 술집들이 모두 다 정리되었다. 전설적인 레뷰 극장 엘 몰리노도 예외가 아니어서 그 자리에 지금은 섹스 카바레 바그다드가 들어와 있다. 이것이 도시의 발전인가?

몬탈반도 자주 찾았던 티그레 거리 25번지의 라 팔로마La Paloma **19** E5에 들어서면 마치 1920년대로 시간 여행을 떠나온 기분이다. 유겐트 양식의 낭만적인 댄스홀에선 오후가 되면 노인들을 위한 클래식 음악이, 밤 10시 이후부터 동이 틀 때까지는 하우스 뮤직과 힙합이 흘러나온다.

프랑코가 사망한 후 몬탈반은 신랄한 에세이로 바르셀로나 대 부르주아지의 끈질긴 봉건성을 비판했다. 1992년 올림픽을 앞두고 불어닥친 부동산 투기 바람과 정당을 막론하고 부패한 정치가들도 비판의 대상이었다. 투쟁적 시민 의식을 보여 준 대표적인 사례가 비아 라이에타나G5의 극장 '시네 프린세사 점령 사건'이었다. 1950~1970년대까지 이 극장은 1천 200석이 넘는 푹신한 좌석과 제복을 입은 좌석 안내원, 티켓 판매대 앞의 긴 줄로 이름을 날렸다. 모두가 이곳에서 할리우드와 자유를 꿈꿨다. 1996년 극장이 문을 닫자 투기업자들이 극장을 사들였다. 1996년 3월 10일에서 10월 28일까지 예술가들과 노조원들이 극장을 점령했다. 몬탈반도 적극 나서 연대 콘서트에 참여해 현수막을 만들고 성명서를 공개 낭독했다.

살인의 욕망을 깨우는 레시피

나이가 들고 유명해질수록 그의 정치 에세이는 더욱 신랄하고 냉소적이었지만 그렇다고 이사벨 2세 거리의 단골 레스토랑 시에테 포르테스[Restaurant 7 Portes]나 카사 레오폴도의 맛난 음식은 단 한 번도 잊은 적이 없었다. 카르발로가 등장하는 그의 모든 소설에서 카탈루냐 음식은 살인의 긴장을 돋우는 양념이다. 《남쪽 바다》에서도 카르발로는 사랑의 손길로 스캄피 새우를 찢는다.

"그는 가지 3개를 적당한 두께로 썰어 소금을 뿌렸다. 그리고 기름과 마늘 한 쪽을 프라이팬에 넣고 노릇노릇해질 때까지 볶았다. 그 기름에 새우 머리 몇 개를 으깨 넣고, 꼬리의 껍질을 벗기고 햄을 잘게 썰었다. 새우 머리를 기름에서 꺼낸 다음 물에 넣고 끓였다. 그사이 가지에 뿌린 소금을 씻어내고 한 개씩 키친타올로 닦은 다음 기름에 넣고 튀겨 마늘과 새우 머리의 향이 듬뿍 배게 하고 기름을 체에 걸렀다. 그 기름에 마지막으로 잘게 다진 양파를 넣고 볶다가 밀가루 1스푼을 넣고 우유와 새우 머리 삶은 물을 넣고 저어 걸쭉하게 끓였다. 가지를 오븐용 그릇에 차곡차곡 쌓은 다음 깐 새우 꼬리와 햄 조각을 얹고 끓여 놓은 걸쭉한 소스를 끼얹었다. 그 위에 손가락으로 치즈를 비벼 뿌렸다. 그릇을 오븐에 넣고 팔꿈치로 식탁을 쓸어 치운 다음 식기 2벌을 차리고 후미야산 로제 와인 1병을 옆에 놓았다. (중략) 그는 침실로 돌아갔다. 예스는 벽 쪽으로 얼굴을 돌린 채 자고 있었다. 맨살의 등이 그대로 드러났다. 카르발로는 그녀를 흔들어 깨워 일으켜 세운 다음 팔에 안고 부엌으로 데려갔다. 그리고 그녀를 접시 앞에 앉히고서 푹 익힌 가지와 새우, 햄을 접시에 떠주었다.”

　자유와 민주주의를 위해 열심히 투쟁했지만 작가 몬탈반의 펜에선 맛있는 음식을 통한 살인의 욕망이 절로 흘러나왔다. 그러기에 바르셀로나 사람들은 몬탈반이 세상을 떠난 지금까지도 그를 아끼고 사랑한다. 그의 문학적 자아 페페 카르발로 역시 바르셀로나 사람들의 사랑을 듬뿍 받았다. 바르셀로나는 최근 작가의 단골 식당 카사 레오폴도가 있던 길모퉁이 작은 광장에 카르발로라는 이름을 붙여 주었다.

라 팔로마 19 E5
Carrer Tigre 25
▶지하철 : 우니베르시타트 Universitat

티비다보 놀이공원
Plaça del Tibidabo 3~4
www.tibidabo.es
▶트람비아 블라우와 푸니쿨라를 이용

카사 레오폴도 레스토랑 35 F6
Carrer Sant Rafael 24
▶지하철 : 파랄렐 Paral.lel

호세 카레라스 1946-
세계 3대 테너가 된 열정적인 카탈루냐인

오페라의 세계에서는 그를 호세 카레라스라고 부른다.

그러나 이 테너 가수는 자신을 스페인 사람이기에 앞서 카탈루냐

사람이라고 생각한다. 그래서 자신의 이름이 주제프라고 불리길 원한다.

"카탈루냐는 내 나라, 나의 작은 나라입니다. 나는 스페인 사람들을 사랑하고 스페인 여권을 갖고 있지만 우리 카탈루냐 사람들은 조금 다르게 느낍니다." 1988년 8월 말, 호세 카레라스는 비아 아우구스타에 있는 자신의 사무실에서 가진 한 인터뷰에서 이렇게 말했다. 백혈병을 이기고 첫 재기의 무대를 가진 직후였다. 인터뷰에서는 세계적으로 유명한 이 테너의 이름이 화제에 올랐는데 그는 가족들이나 친구들 사이에서 자신이 늘 '주제프'였다고 말했다. 프랑코 정권 하인 1975년까지 카탈루냐어의 사용이 전면 금지되었기 때문에 1970년에 데뷔한 그는 여권, 운전면허증, 콘서트 현수막 등에 카탈루냐 이름 '주제프' 대신 '호세'라는 이름을 쓸 수밖에 없었다. 그 때문에 전 세계가 이 오페라 스타를 호세 카레라스라고 알고 있지만 그는 생각이 달랐다. "나는 나를 항상 주제프라고 생각했습니다."

'주제프'와 '호세'는 1939~1975년까지 카탈루냐가 겪었던 언어적, 인

백혈병을 이기고 다시 무대에 오른 테너가수 호세 카레라스는 자신을 주제프라고 부른다.

간적, 문화적 억압의 비극을 단적으로 보여 주는 사례다. 바르셀로나에서
는 3대가 마드리드 독재 정부의 억압과 차별에 시달렸다. "국가에서 나를
카탈루냐 사람이라고 공식적으로 인정하지 않았던 그 오랜 세월 동안 온
마음으로 스페인 사람이 되지도 못했습니다." 허약한 테너 가수는 이렇게

람블라스 거리의 카페 데 로페라. 카레라스의 단골 카페이다.

말했다. 하지만 이제 그는 다시 카탈루냐 사람이 되었고, 어디를 가나 당당하게 카탈루냐 사람이라고 이야기할 수 있다.

그의 아버지 역시 카탈루냐 사람이라는 이유로 많은 고통을 겪었다. 프랑스어 교사였던 아버지는 스페인 내전에서 공화주의의 편에 서서 프랑코 군과 싸웠고 그 때문에 교직에서 물러나야 했다.

보복이 두려워 아르헨티나로 망명했지만 1년도 채 못 버티고 향수병을 못 이겨 바르셀로나로 돌아오고 말았는데 다행히 교통 경찰로 일할 수 있었다. 어머니 안토니아 콜은 노동자 지구 산츠에 제법 큰 집을 구해 작은 미용실을 차렸다. 그곳이 어린 주제프의 첫 무대였다.

6살 되던 해 그는 테너 마리오 란차Mario Lanza가 주연한 영화 〈위대한 카루소The Great Caruso〉(1951)를 보았고 그날 이후 계속해서 그 멜로디를 따라 불렀다. 가사는 정확하지 않았지만 음은 대부분 맞았다. 아이는 노래를 부르고 또 불렀고 미용실 손님들이 감탄하며 팁을 주었다. 부모는 아들의 재능을 깨닫고 레코드플레이어와 란차의 카루소 음반, 그리고 당시 세계적인 성악가 주제페 디 스테파노Giuseppe di Stefano의 음반을 선물해 주었다. 주제프가 가장 많이 불렀던 노래는 오페라 〈리골레토Rigoletto〉에서 공작이 부른 〈여자의 마음La donna e mobile〉이었다.

　음악 선생님의 후원으로 그는 시립 음악원에서 노래 수업을 받았다. 그의 인생을 좌우한 결정적인 경험은 8살 때 아버지와 함께 리세우 대극장Gran Teatre del Liceu G6에서 본 공연이었다. 값싼 제일 꼭대기 5층 좌석에서 그는 세계적인 소프라노 가수 레나타 테발디Renata Tebaldi가 부르는 〈아이다 Aida〉를 관람했다. 가장 마음에 들었던 부분은 아이다의 아리아가 있는 제3막 '나일강변의 밤'이었다. 다음 날 그는 부모님께 말했다. "언젠가 그 극장에서 노래할 거예요."

　주제프는 자신이 정말로 11살의 나이에 세계 최고의 오페라하우스 무대 중 한 곳에 서게 될 것이라고는 예상치 못했다. 변성기도 지나지 않은 어린 소년의 목소리로 콘서트와 라디오에서 불렀던 노래가 어찌나 큰 호응을 얻었던지 리세우 대극장은 그를 조연으로 채용했다. 1958년 1월 3일, 음악 선생님과의 오랜 연습 끝에 그는 마누엘 데 파야Manuel de Falla의 작품에 출연했고 비록 짧은 순간이었지만 소프라노 레나타 테발디와 무대에 나란히 섰다. 500페세타, 오늘날 가치로 40유로가 그의 공연료였다.

카바예가 카레라스를 후원하다

고등학교를 졸업하고 바르셀로나 대학에서 잠깐 화학을 공부한 후 그는 유명한 성악 교사 하이메 프란시스코 푸이그의 연습실과 리세우 음악원을 오가며 모차르트에서 바그너를 거쳐 베르디에 이르기까지 오페라의 레퍼토리를 배웠고, 미성美聲을 내는 데 치중하는 벨칸토 발성법을 갈고 닦았다.

　그의 인생에 레드 카펫이 깔렸다. 몇 차례의 콩쿠르를 거치고 리세우에서 〈라트라비아타La Traviata〉와 〈카르멘Carmen〉의 아리아로 오디션을 본 후 마침내 그에게 기회가 돌아왔다. 1970년 1월, 그는 카탈루냐의 디바 몬세라트 카바예와 함께 〈노르마〉에서 플라비오 역을 노래하고 연기했다. 카레라스의 역할이 크진 않았지만 카바예는 그의 실력에 감탄했고 얼마 후 도니체티의 〈루크레치아 보르지아〉에서 제나로 역에 그를 추천했다. 관객들은 열광했다. 바르셀로나 부르주아지의 성전에서 참으로 일어나기 힘든 일이 벌어진 것이다.

리세우 대극장의 관람객들은 비싼 입장료를 지불하고 화려한 예복을 갖춰 입고 공연을 마음껏 즐긴다. 반면 오페라하우스 바로 맞은편 라블라델스 카푸친스의 이면도로에는 요즘도 거지와 매춘부들이 얼쩡거린다. 빈부의 격차가 이보다 더 클 수 있을까. 이처럼 리세우 대극장은 바르셀로나의 또 다른 성전 FC바르셀로나 경기장에선 좀처럼 보기 힘든 바르셀로나 부자들의 자기 과시 현장이었고 지금도 그러하다. 1838년에는 바르셀로나 부자들 사이에서 리세우 대극장을 마드리드 오페라 극장보다 더 큰 규모로 증축하자는 운동이 벌어졌다. 바르셀로나 상인들이 후원 협회를 결성해 후원자에게 특별석 상속권을 보장했고, 주식 이익금으로 건축 경비를 조성했다.

바르셀로나에서는 역시 바그너

1882년 바그너의 〈로엔그린Lohengrin〉이 리세우 대극장의 관객들을 열광의 도가니로 몰아넣었다. 관객들이 얼마나 흥분했던지 이후 바그너의 오페라 대부분이 카탈루냐어로 번역되었을 정도다. 지금도 바르셀로나에는 바그너의 팬클럽이 있다. 하지만 리세우 대극장도 신생 산업국의 경제적, 사회적 문제를 비켜가지는 못했다. 1893년, 로시니의 〈빌헬름 텔Wilhelm Tell〉 2막이 공연되는 중, 무정부주의자 산티아고 살바도르가

1992년 바르셀로나 올림픽 개막식. 플라시도 도밍고, 호세 카레라스, 루치아노 파바로티, 몬세라트 카바예가 함께 무대에 올랐다.

부자들에 대한 분노와 처형된 조합원에 대한 보복으로 1층 관람석을 향해 2개의 폭탄을 던졌다. 이 테러로 관객 20명이 목숨을 잃었다.

금박을 입힌 특별석과 벨벳 좌석을 구비한 이 오페라하우스가 사회적으로나 예술적으로 얼마나 큰 의미를 지니는지 호세 카레라스도 잘 알고 있다. 그는 런던에서 후원자인 카바예와 함께 도니체티의 〈마리아 스투아르다Maria Stuarda〉에 출연해 박수갈채를 받았고, 1971년 프라하에서는 〈라 트라비아타La Traviata〉를, 뉴욕 시립 오페라에서는 거장 비르기트 닐손과 함께 〈토스카Tosca〉로 큰 성공을 거두었다. 그 후 이 서정적 테너는 부에노스아이레스, 시카고, 런던, 잘츠부르크, 함부르크, 뮌헨의 최고 오페라극장 무대에 올랐다. 또 뉴욕 메트로폴리탄 오페라하우스와 빈 국립 오페라극장, 밀라노 스칼라 극장에서도 화려한 무대를 선보였다.

하지만 운명의 여신은 가혹했다. 1987년 7월 5일, 바스크의 산 세바스티안에서 콘서트를 하던 중 쓰러진 그는 암 선고를 받았다. 급성 림프구성 백혈병이었다. 천상의 오페라 스타는 지옥을 경험했다. 하지만 시애틀에서 노벨의학상 수상자인 에드워드 도널 토머스에게 골수이식 수술을 받은 후 기적이 일어났다. 1년 간의 치료와 마드리드 스페인 왕실의 수많은 격려 서한 덕에 그는 다시 일어나 '새 인생 최고의 날'을 준비했다.

1988년 7월 21일, 바르셀로나에서 그의 재기 무대가 열렸다. 개선문 앞 몬주익 공원과 야외 콘서트 무대가 보이지도 않는 샛길까지 15만여 명이 몰려들었다. 관객석 맨 앞줄에 스페인 왕비 소피아와 문화부장관 호르헤 셈프룬, 카날루냐 자치정부 수반 호르디 푸홀, 그리고 카레라스의 후원자 몬세라트 카바예가 앉았다. 카레라스는 〈테스티모T′estimo〉를 비롯한 카탈루냐 노래 몇 곡과 푸치니의 〈투란도트Turandot〉에 나오는 〈네순 도르마Nessun dorma〉를 부르며 감동에 겨워 눈물 흘리는 관객들과 함께 인생의 새로운 막을 열었다.

이제 카레라스는 무대에 자주 오르지 않는다. 몇 년 전부터는 디아고날 북서쪽 페드랄베스에서 산다. '페트라에 알바에'라는 라틴어로 '흰 돌'이라는 뜻이다. 천재 건축가 가우디가 평생의 후원자 구엘을 위해 지은 구엘 별장에서 작은 도로 몇 개만 건너면 바이사다 수도원 곁에 높은 담장을 두른 카레라스의 저택이 있다. 티비다보 산까지는 차로 불과 5분 거리이고, 그가 좋아하는 FC바르셀로나의 홈구장 캄프 누까지는 걸어서 10분 거리다. 카레라스는 FC바르셀로나의 열혈팬이자 명예 회원이다.

카레라스의 저택 대각선 맞은편에는 페드랄베스 수도원Monestir de Pedralbes이 있다. 남편을 잃고 2년 후 수도원으로 들어가 버린 14세기의 카탈루냐 왕비 엘리센다 데 몬트카다를 위해 지은 건물이다. 카탈루냐의 또 다른 전설인 여왕 엘리센다가 영면에 든 곳이기도 하다. 고딕식 회랑에선 공원 분수의 물소리가 들리고, 때로 '가난한 클레어 수녀회' 수녀들의 노랫소리가 들리기도 한다. 또 이곳에서는 카탈루냐어로 진행되는 결혼식을 구경할 수도 있다. 예비부부는 결혼식 며칠 전에 수녀원 옆문에서 사람들에게 신선한 달걀을 나누어 준다. 그렇게 하면 부부에게 행운이 온다는 말이 있기 때문이다. 정열적인 카탈루냐 사람 주제프 카레라스는 이런 이웃이 있어 행복하다.

리세우 대극장 16 G6

La Rambla 51~59

www.liceubarcelona.cat

▶지하철 : 리세우 Liceu

카페 데 로페라 6 G6

La Rambla 74

www.cafeoperabcn.com

▶지하철 : 리세우 Liceu

페드랄베스 수도원

Baixada del Monestir 9

www.bcn.cat

▶지하철 : 레이나 엘리센다 Reina Elisenda

페란 아드리아 1962-
분자 요리의 공동 창시자, 미각의 혁명가

그는 질소, 상상력, 끝없는 사랑으로 작업한다.

마술사일까? 학자일까? 철학자일까? 전문가들도 시원한 대답을

내놓지 못한다. 확실한 것은 하나, 세계 최고의 요리사라는 것이다.

누벨 퀴진nouvelle cuisine, 새로운 요리을 선도하며 프랑스 요리계에서 신처럼 군림했던, 리옹 교외에 위치한 자신의 레스토랑에서 전 세계에 스페셜 레시피를 선사한 셰프 폴 보퀴즈Paul Bocuse도 다 옛말이다. TV에 나와 주부들을 사로잡던 셰프들의 향연도 요리를 지적인 예술로 승화시킨 페란 아드리아에 비하면 다 구식이다. 분자 요리의 마법사로 통하는 그는 자신의 '맛의 정수' 이론을 알리기 위해 굳이 TV에 출연할 필요가 없는 사람이다.

2007년 여름, 제12회 카셀 도쿠멘타에 초대 예술가로 참여한 페란 아드리아는 연단에 올라 요리에 접목시킨 의료 기술, 식품의 분자화, 액상 질소 함량 축소, 냉동 건조로 맛을 내는 비법에 대해 강의했다. 또 가루로 만든 푸아그라를 시험관에 넣어 '단숨'에 먹어치우는 방법도 시연해 보였다. 그리고 그래프의 눈금과 곡선까지 동원해 다양한 농도의 액체 화합물을 최상의 거품으로 만드는 방법을 상세히 설명하며 자신의 목표는 섞일 수 없는 다른 속성의 두 액체를 완벽하게 섞는 유화라고 주장했다. 청

페란 아드리아는 분자 요리의 최고수이다. 그의 음식은 미각의 예술 작품이다.

중은 허기와 함께 그 거품을 입으로 가져가도 괜찮은지 불안함을 느꼈다. 페란 아드리아는 다음과 같이 말했다. "나는 이곳에서 사람들의 기대에 정반대되는 행동을 할 것입니다. 그것이 내 철학의 논리적 결과이니까요. 요리는 언어입니다. 조화와 창의성, 행복과 아름다움, 시와 복잡성, 유머

작업실일까, 실험실일까? 미슐랭 별 3개에 빛나는 코스타 브라바의 엘부이 레스토랑의 주방.

와 도발과 문화를 표현할 수 있는 언어 말입니다."

그의 요리를 먹고 배가 부를까? 그가 내는 30가지의 코스 요리는 충분히 허기를 채워 준다. 바르셀로나 근교에서 태어난 페란 아드리아는 학자일까, 혁신적인 선동가일까, 아니면 예술가일까?

미슐랭 가이드 별 3개에 빛나는 엘부이 레스토랑의 주인, 전 세계의 온갖 상을 휩쓴 요리사, 그는 다른 별에서 온 우주의 카탈루냐인이다. 당연히 할리우드 영화감독들이 '미친 과학자' 역할로 탐낼 만하지만 정작 아드리아가 요리의 예술을 선보이는 곳은 따로 있다. 페란 아드리아는 2008년 바르셀로나 IESE 비즈니스 스쿨에서 강의했고, 2010년에는 하버드 대학교에서 객원 교수로 '요리 물리학의 기초'를 선보였다. 바르셀로나 대학의 철학과 학생들도 '음식과 성애', '음식과 종교', '인식법의 부정'

을 가르치는 그의 강의를 신청한다.

페란 아드리아가 엄마 배 속에서부터 앞치마를 두르고 태어난 것은 아니다. 도장 기능장이었던 아버지는 아들이 14살 되던 해 바르셀로나의 한 상업 학교에 보냈다. 상업 학교를 졸업한 후 경영학과에 들어갔지만 18살 되던 해 학교를 그만두었다. 아드리아는 히피들의 천국 이비사 섬에서의 삶을 꿈꾸었고 그곳으로 갈 돈을 마련하기 위해 바르셀로나에서 남쪽으로 30킬로미터 떨어진 카스테이데펠스에서 접시 닦이로, 그 다음에는 바르셀로나의 여러 식당을 돌면서 보조 요리사로 일했다. 19살에는 군 복무를 대신해 갈리치아 카르타헤나에서 해군 장성의 개인 요리사로 일했다. 제대 후인 1983년, 그는 대담하게도 코스타 브라바의 로세스에 있는 엘부이 레스토랑에 지원해 당당하게 합격한다.

그의 메뉴는 천국으로 가는 모험 여행

엘부이 레스토랑은 창업자인 독일인 의사 실링 부부가 자신들이 키우는 불독의 이름 '부이'에서 따온 것이다. 1990년까지 엘부이는 실링 부부 소유였는데 알자스 지방 출신의 장 루이 니셸^{Jean Louis Neichel}이 식당을 미슐랭 가이드 별 2개에 빛나는 해변의 미각 오아시스로 키웠다. 니셸은 지금도 벨트란 이 로스피데 거리^{Carrer Beltràn i Rozpide} 1~5번지에 바르셀로나에서 최고로 손꼽히는 레스토랑을 운영하고 있다.

아드리아는 엘부이 레스토랑에서 최고의 카탈루냐 오뜨퀴진^{소량의 여러 코스로 제공되는 최고급 프랑스 요리}을 선보였다. 관광객들은 메뉴에 파예야도, 상그리아도, 타파스도 없다고 투덜댔다고 한다. 1985년 그는 수석 요리사가 되었고 얼마 후 아예 식당을 인수했다. 그리고 카탈루냐 여성 이사벨 페레스와 결혼했고, 파티시에 교육을 마친 동생 알베르트를 데려와 서서히 창의적인 요리를 개발하기 시작했다. 1990년대, 매년 여름이면 엘부이 레스토랑을 찾았던 작가 마누엘 바스케스 몬탈반은《카탈루냐 음식 예술》에서 아드리아의 메뉴를 천국으로 가는 모험 여행이라고 표현했다.

메뉴에 적힌 30여 가지 음식을 내는 코스 요리의 이름이 '마술을 이용한 해체'로 가격이 300유로나 된다. 양은 한 입에 쏙 들어가는 시식 음식 수준으로 속을 파내 씨를 제거하고 과육을 다시 껍질 속에 채운 올리브, 바싹한 닭 껍질을 이용한 일종의 미니 샌드위치, 입에 넣으면 연기가 되어 나오는 급속 냉동 팝콘이 식탁에 오른다. 뒤를 이어 말린 버찌로 속을 채운 비스킷과 비타민나무 즙을 얇은 큐브 모양으로 굳힌 젤리, 스톡을 굳혀 만든 탈리아텔레에 이어 생강으로 속을 채운 오징어가 나온다. 그리고 얇게 썬 돼지 기름으로 씌운 조갯살 무스와 당근 롤이 들어간 멜론 생강 수프가 그 뒤를 따른다.

창의적 발명가

보통 카탈루냐에선 주 코스 사이의 막간 요리로 '파 암 토마케트', 즉 토마토와 올리브 오일, 자연 건조시킨 햄 '하몬 세라노'를 곁들인 구운 빵을 먹는다. 하지만 아드리아는 이 막간 요리조차 리큐어 잔에 토마토 셔벗을 넣고 그 위에 올리브 오일을 뿌린 작은 공갈빵을 얹은 다음 다시 큰 각소금 1개를 얹어 낸다. 디저트 역시 너무나 창의적이고 초현실주의적이다. 바닐라 크림과 커피 셔벗 와플 혹은 오래 졸여 캐러멜처럼 만든 바나나가 디저트이다. 흔히 먹는 '크레마 카탈라나^{달아오른 철판에 볶은 진한 커스터드}'는 메뉴에 없다.

감각의 대가는 지난 20년 동안 엘부이의 음식을 통해 양을 줄일수록 맛은 더 풍성해진다는 사실을 입증했다. 그의 레스토랑에 가려면 바르셀로

분자 요리. 생화학과 물리학이 주방을 실험실로 만든다.

나에서 족히 100킬로미터는 달린 후 다시 6킬로미터의 해안가 돌길을 내려가야 한다. 아쉽게도 식당의 좌석은 55개뿐이다. 그것도 저녁 식사만 가능하다. 하지만 1년에 2번 인터넷 예약이 가능한 날에는 15만 명이 넘는 사람들이 웹사이트에 접속했고 펠리페 국왕조차도 예약하기 위해 몸소 전화를 걸었을 정도다. 밥 한 끼 먹겠다고 1년을 기다리는 것은 보통이다. 하지만 지금은 그것도 소용이 없다. 돌연 "낭만이 없으면 창조는 불가능하다"는 말을 남기고 2011년 8월부터 잠정 휴업에 들어갔다.

식당이 문을 닫아도 페란 아드리아는 걱정 없다. 광고 출연, 요리책 판매, 객원 교수로 큰돈을 벌고 있다. 바르셀로나의 심장 보케리아 시장La Boquería **5** F6 바로 뒤편 라발 지구에 문을 연 그의 실험실 역시 VIP 케이터링과 호텔 주방 디자인 서비스를 제공 중이다. 18세기에 지은 이 작은 유젠트 양식 건물에 그는 식품기술자, 생태영양학자, 화학자들로 구성된 엘부이 요리 연구소를 열었다. 그리고 그 창의적 팀과 힘을 합쳐 이국적인 가루가 빼곡히 들어찬 양념 선반 사이를 오가며 새로운 레시피를 탄생시킨다. "요리계의 과학적 발명품은 모두 우리가 만든다"는 야망을 이루고 싶기 때문이다.

목표를 위해 아드리아는 거의 하루도 거르지 않고 신선한 식재료가 가득한 보케리아 시장으로 간다. 바르셀로나를 찾는 관광객이라면 람블라스 거리나 사그라다 파밀리아 성당, 바르셀로나 대성당과 더불어 반드시 들러야 할 명소다. 몬탈반은 보케리아 시장을 '감각의 대성당'이라고 불렀다. 아드리아는 물론이고 바르셀로나 최고급 레스토랑 요리사들도 아침 일찍 이곳에 들러 식재료를 장만한다. 오전 10시만 되어도 주부들이 시장을 점령해 버리기 때문에 미리미리 서둘러야 한다.

이 풍요의 심장은 람블라 산트 주제프에서 오른쪽으로 방향을 틀자마자 바로 눈앞에 펼쳐진다. 1914년에 지은 철제 반구형 지붕과 채광이 잘 되는 집채만 한 크기의 모자이크 창문 아래 펼쳐진 6천 제곱미터의 넓은 시장에는 통로마다 다른 풍경으로 손님을 맞이한다. 생선 가게에는 갓 잡은 오징어, 반으로 가른 상어와 도미가 말린 생선 옆에 진열되어 있고 다른 통로로 들어가면 과일과 야채 가게 주인들이 희귀한 품종의 호박과 토마토를 팔고 있다. 가로로 난 통로에는 무화과, 호두, 대추가 놓여 있다.

야생 동물 고기를 파는 상인들은 갓 잡은 자고와 토끼 고기로 손님을 유혹하고 소시지 가게에선 화환처럼 가게를 장식한 수제 소시지를 팔고 있다. 치즈와 햄은 종류가 너무 많아서 전문가가 아니라면 도저히 종류를 구분해 낼 수가 없다. 정말 없는 것이 없다고 할 만큼 세상 모든 식재료가 넘쳐난다. 그리고 그 모든 식재료들은 정말 예쁘게 진열되어 있다.

제아무리 굳게 다이어트를 결심했더라도 이곳에 들어서면 다채로운 냄새와 시각적인 자극에 손을 들지 않을 수 없다. 시장 안의 작은 바들은 즉석 요리를 해준다. 최고급 레스토랑 수준의 패스트푸드점이다. 보케리아에서 제일 유명한 바는 정문 바로 옆 466번 매대에 자리한 피노초 바

Pinotxo **30** F/G5/6다. 이른 아침부터 상인들이 간이의자에 앉아 셰프 알베르트 아신이 만들어 주는 바닐라 크림으로 채운 크루아상 '둘세스 추초스 Dulces Chuchos'와 코냑을 곁들인 에스프레소 '카라히요Carajillo'를 즐긴다.

관광객들이 길게 줄을 서는 점심때가 되면 양파와 햄을 넣고 볶은 피소시지를 병아리 콩 위에 얹어 내는 '보티파라 네그라 암 훌리botifarra negra amb juli'가 피노초의 주 메뉴다. 아신은 이 활기찬 시장에서 25년 넘는 세월을 보냈으니 당연히 페란 아드리아도 단골 중 한 명이다. "그분이 우리 집에 오면 마치 왕이 우리 식당에 행차하신 것 같아요. 도저히 내가 만드는 이런 하잘것없는 카탈루냐 요리를 대접할 엄두가 안 난답니다."

쓸데없는 걱정은 접어놓고 마음 푹 놓고 요리를 대접해도 된다. 아드리아도 집에서 아내 이사벨에게 음식을 해줄 때는 대부분 토르티야, 오믈렛, 토마토 샐러드 같은 간단한 메뉴를 택한다. 요리 예술의 지적 마법사에게는 그런 음식이 가벼운 기분 전환에 불과할 테지만 진정한 대가들은 알고 있다. 자고로 단순한 것이 최고라는 사실을.

보케리아 시장 5 F6

La Rambla 91
www.boqueria.info
▶지하철 : 리세우 Liceu

피노초 바 30 F/G5/6

Mercat de la Boqueria 466~470
▶지하철 : 리세우 Liceu

카를로스 루이스 사폰 1964~

《바람의 그림자》로 바르셀로나를 향한 애정을 고백하다

사폰의 소설 《바람의 그림자》는 스페인 현대 문학 최고의 베스트셀러다.
작가는 우리를 바르셀로나의 으슥한 골목으로 이끌어
어두운 마법의 세계로 데려간다.

"이 도시는 마녀다. 사람의 피부에 딱 달라붙어 모르는 사이 영혼을 앗아간다." 소름끼치도록 아름답게, 조국에 대한 무한한 애정과 경외심을 가슴에 품고 카를로스 루이스 사폰은 바르셀로나의 화려하고 신비하고 독특한 세상을 묘사한다. 기자이자 카피라이터, 시나리오 작가인 그는 2001년 역사 추리소설 《바람의 그림자*La Sombra del Viento*》로 세계적인 명성을 얻었다. 이 소설은 36개국에서 번역되어 약 1100만 부의 판매고를 기록했다. 이쯤에서 한 가지 의문이 생긴다. 사폰의 흥미진진한 이야기가 바르셀로나가 아닌 알리칸테, 말라가, 빌바오 같은 곳을 무대로 쓰여졌어도 세계적인 베스트셀러가 될 수 있었을까? 소설의 주인공 다니엘 셈페레의 발자취를 따라간 독자들이라면 그 대답을 알 수 있을 것이다.

1964년 9월 25일, 사폰은 사그라다 파밀리아 성당 근처의 유복한 가정에서 태어났다. 그곳에서 불과 몇 미터 떨어진 32번지의 집이 《바람의 그림자》에서 '안개의 성'으로 중요한 역할을 하는 기업가 알다야 가문의 저

카를로스 루이스 사폰이 데뷔작《안개의 왕자》를 낭독하고 있다. 역사 추리소설로 세계적 명성은 얻
은 작가이지만 데뷔작은 역사소설이 아니었다.

택이다. 1980년대, 사폰은 소설 속 콜레지오 산 가브리엘의 모델이 되었
던 사리아 지구의 예수회 학교 산트 이그나시를 다녔다. 당시 사폰은 보
험 외판원이었던 아버지 심부름으로 가입자들에게 보험 증서와 계산서
를 갖다 주기 위해 가난한 고딕 지구와 라발 지구는 물론이고 티비다보

사폰이 묘사한 거리들을 지나 티비다보까지 올라가는 트람비아 블라우.

산 밑의 부촌 빌라까지 바르셀로나의 구석구석을 누비고 다녔다. 덕분에 세계적인 베스트셀러를 탄생시킬 지식을 갖추게 되었다.

당시 사폰은 카누다 거리 6번지의 주민 자치 문화 공간 아테네우 바르셀로네스Ateneu Barcelonès [1] F5에서 글쓰기 강좌를 들었다. 소설에서는 바로 그 옆에 공동묘지가 있다. 사폰은 우선 청소년 소설을 쓰다가 29살 되던 해 로스앤젤레스로 떠나 몇 년 동안 시나리오 작가이자 스페인 일간지 〈엘 파이스El País〉, 〈라 방과르디아La Vanguardia〉의 해외 통신원으로 일했다.

그리고 마침내 필생의 아이디어가 떠올랐다. 스페인 내전과 프랑코 독재 시대의 도덕적 타락과 범죄를 다룬 역사 추리소설 《바람의 그림자》를 쓰게 된 것이다. 이 시대의 그림자는 소설의 주인공 다니엘 셈페레와 동행한다. 다니엘의 아버지는 아들을 카누다 거리의 어두운 골목에 있는 미로 같은 건물 '잊힌 책들의 묘지'로 데려간다.

그곳은 망각 속에서 길을 잃은 책을 구하기 위해 모든 시대의, 모든 저자가 쓴, 모든 책을 보관한 곳이다. 다니엘은 훌리안 카락스라는 작가가 쓴 소설 《바람의 그림자》를 발견하는데 서점 주인 구스타보 바르셀로에게서 그 책이 마지막 남은 판본이라는 사실을 알게 된다. 다니엘은 그 사실에 매력을 느끼고 훌리안의 행적을 찾아 나선다. 사산한 아기들, 불탄 책들, 티비다보 거리의 이 신비한 공간에서 일어난 살인의 드라마는 그로부터 시작된다.

그의 소설은 훌륭한 바르셀로나 가이드북

이야기 잘하고 글도 잘 쓰고 여유 있게 산책을 즐기는 사람이라면 유서 깊은 도시의 명예시민으로 손색이 없을 것이다. 카를로스 루이스 사폰도 그런 사람이다. 그의 소설을 따라가다 보면 바르셀로나의 스릴 넘치는 장소들이 여지없이 그 모습을 드러낸다. 이 모든 것들의 시작은 잊힌 책들의 묘지다. 소설에서 사폰은 다니엘을 이렇게 묘사한다.

"해 질 무렵 아직도 기온이 30도에 육박했지만 나는 아테네우에서 바르셀로와 만나기로 한 약속 때문에 겨드랑이에 책을 끼고 이마에는 구슬땀을 흘리면서 카누다 거리를 향해 집을 나섰다. 아테네우는 여전히 19세기에 작별을 고하지 못한 바르셀로나의 여러 장소들 중 하나였다. 웅장한 안마당에서부터 독서실들과 회랑들이 유령의 그물코처럼 얽혀 있는 곳까지 돌계단이 나 있는데, 전화나 손목시계 같은 최신 발명품은 아직 이곳으로 침투하지 못했다."

지금도 문학 강좌와 전시회로 활력이 넘치는 아테네우 바르셀로네스 바로 옆 4번지가 '책들의 묘지'의 모델인 카누다 서점Librería Cervantes-Canuda [20] F5이다. 미로 같은 아치형 복도에 줄지어 선 수많은 목재 서가가 낡은 천장을 떠받치고 있는 것 같은 고서점이다. 바로 그 다음 골목이 명품 매장들이 늘어선 쇼핑 거리 포르탈데랑헬 거리Avinguda del Portal de l'Àngel다.

"발코니로 걸어가 상반신을 내밀고 포르탈데랑헬의 가로등이 뿜어내는 희미한 빛을 바라보았다. 포석 위에 미동도 없이 누워 있던 한 조각 그림자에서 어떤 형체가 벌떡 일어섰다. 어렴풋이 반짝이는 희미한 붉은 담뱃불이 남자의 눈에 비쳤다. (중략) 이 낯선 자는 아마도 몽유병 환자였을 것이다. 얼굴도 없고 별 볼 일도 없는 형체였을 것이다."

가로등은 지금도 그 자리에 있다. 하지만 소름끼치게 아름다운 미친 가격의 옷 가게와 아방가르드적인 갤러리, 바스크식 타파스 식당을 찾고 싶다면 덴보트 거리Carrer d'en Bot, 페란 거리Carrer de Ferran, 두크데라빅토리아 거리Carrer del Duc de la Victòria, 보테르스 거리Carrer dels Boters, 페트리트솔 거리Carrer de Petritxol 같은 포르탈데랑헬의 이면도로로 들어가야 한다.

"클라라는 성당에서 사람들이 웅얼거리는 소리를 듣는 것과 주변 골목에 울리는 발걸음 소리의 메아리를 알아맞히기를 좋아했다. (중략) 그녀는 자주 내 팔짱을 꼈고 나는 그녀와 나만이 볼 수 있는 우리들만의 바르셀로나로 안내했다. 언제나 종착지는 페트리트솔 거리의 카페였는데, 우리는 그곳에서 생크림 한 접시나 크림을 곁들인 핫 초콜릿, 허니 팬케이크를 나누어 먹었다."

페트리트솔 거리 2번지의 유명한 카페 그란하 둘시네아Granja Dulcinea [4] G5에 가면 사폰이 소개한 음료 말고도 아몬드 우유 '오르차타'를 즐길 수 있다. 같은 거리 5번지에는 피카소가 1901년에 처음으로 전시회를 열었던 화랑 살라 파레스Sala Parés가 여전히 그곳에 있다.

이 미로 같은 골목에도 놀라울 정도로 조용한 작은 광장이 숨어 있다. 한가운데에 푸른 나무 한 그루와 분수가 있는 바르셀로나 대성당 바로 뒤편의 산트 펠립 네리 광장Plaça de Sant Felip Neri이다. 안토니 가우디가 저녁에 산책하러 자주 들르던 곳이다.

아테네우 바르셀로네스의 열람실. 고딕 지구의 유서 깊은 문화 공간인 이곳은 사폰의 소설에도 등장한다.

바르셀로나의 중세와 근현대를 조망한 작품들

지어진 시간은 500년을 더 거슬러 올라가지만 공간적으로는 산트 펠립 네리 광장에서 불과 500미터 떨어진 항구 방향에 카탈루냐 고딕 양식 건물 중에서 가장 인상적인 성당이 하나 있다. 선원과 석공, 어부들이 자신들을 위해 지은 산타 마리아 델 마르 성당[Basílica de Santa María del Mar] **38** H5 으로, 1329~1383년까지라는 기록적인 짧은 공사 기간에 지어진 성당이다. 일데폰소 팔코네스[Ildefonso Falcones]의 소설 《바다의 성당La Catedral Del Mar》 (2006)에서도 초현실적으로 아름답게 그려진 곳이다. 신비한 마법의 빛이 기둥과 아치, 반구 지붕으로 장식된 넓은 중랑을 비춘다. 사폰의 소설에 나오는 인물 베르나르다가 매일 이 성당의 8시 미사에 참석하고, 1주일에 3번 고해성사를 드리는 이유가 그 때문일지 모른다.

항구와 고딕 지구를 구경했다면 택시를 타고 북쪽으로 달려 존 케네디 광장Plaça John Kennedy으로 가보자. 이곳에서 파란색의 유서 깊은 전차 '트람비아 블라우'가 티비다보 거리로 올라간다. 나무 벤치에 앉거나 바람 부는 플랫폼에 서면 그 옛날 식민지에서 엄청난 돈을 벌었던 카탈루냐 기업가들의 호화 저택의 탑, 발코니, 파사드가 훤히 내려다보인다. 사폰의 소설 주인공 다니엘 셈페레가 32번지 알다야 저택에서 어떤 무시무시한 발견을 했는지는《바람의 그림자》를 읽어 보면 알 수 있다.

"얼음으로 흐려진 유리창 너머로 어두운 저택들이 서서히 지나갔다. (중략) 나는 몸을 돌려 안개에 잠긴 어두운 배의 뱃머리처럼 우리를 향해 다가오는 알다야 저택의 유령 같은 모습을 보았다. (중략) 나는 담 안쪽으로 뛰어내려 정원으로 들어갔다. 잡초들은 수정 같은 줄기 속에 얼어붙었고, 쓰러진 천사상들은 얼음의 수의로 덮여 있었다. 검고 반짝이는 거울처럼 얼어붙은 분수의 표면 위로 천사의 손이 흑요석 칼처럼 튀어나와 있었다. 그 검지 손가락에 얼음 눈물이 매달려 있었다. 비난하는 듯한 천사의 손이 반쯤 열린 현관문을 똑바로 가리키고 있었다. (중략) 나는 문을 밀고 현관으로 들어섰다 ……."

바르셀로나의 중세와 근현대, 프랑코 독재에 대해 더 자세히 알고 싶다면 일데폰소 팔코네스의《바다의 성당》과 카를로스 루이스 사폰의《바람의 그림자》를 읽어 보아야 한다. 티비다보 거리의 이 저택들 중 몇 채는 여전히 마법에 걸린 듯 쇠락한 모습이지만 대부분은 광고, 홍보, 디자인, 화장품 업계의 새 주인을 만나 수리를 마치고 다시금 바르셀로나 명문가들의 자부심과 부유함을 만방에 알리고 있다.

바르셀로나를 배경으로 구상한 거대 소설 프로젝트 '고딕 바르셀로나 콰르텟'의 제1부에 해당되는《바람의 그림자》이후 2011년에 후속작《천국의 수인*El Prisionero del Cielo : The Prisoner of Heaven*》이 발표됐지만 지
난 몇 년 동안 그는 표절 시비에 휘말렸다. 실제 그의 소설 속 인물 중 몇
명은 메르세 로도레다^{Mercé Rodoreda}의 소설《깨진 거울*Mirall trencat*》(1974)
과 매우 흡사하다는 평을 받았다. 그래도 그 정도 잘못쯤은 눈감아줄 수
있다.

사폰은 프랑코와 '잊힌 책들의 묘지'가 던진 그림자의 암울함을 악몽처
럼 묘사했다. 기억은 악을 잊지 못하게 막아 주는 가장 예리한 무기이기
때문이다.

그란하 둘시네아 카페 **4** G5

Carrer de Petritxol 2
www.granjadulcinea.com
▶지하철 : 하우메 I Jaume I

아테네우 바르셀로네스 **1** F5

Carrer de Canuda 6
www.ateneubcn.org
▶지하철 : 카탈루냐 Catalunya

카누다 서점 **20** F5

Carrer de la Canuda 4
▶지하철 : 카탈루냐 Catalunya

크리스티나 공주 1965-
바르셀로나인의 심장을 사로잡은 카탈루냐의 공주

마드리드에서 날아온 카탈루냐의 공주,

그녀는 따뜻한 공감 능력으로 순식간에 바르셀로나 사람들의 마음을

얻었다. 하지만 안타깝게도 스페인 왕실의 근황은 그리 편치 않다.

1997년 10월 4일, 카탈루냐기 색깔로 장식한 유서 깊은 고딕 지구의 왕의
광장Plaça del Rei G5에서 1만 명이 넘는 바르셀로나 사람들이 그들의 공주를
기다리고 있었다. 아버지인 스페인 국왕 후안 카를로스의 팔짱을 낀 공주
가 웅장한 바르셀로나 대성당으로 천천히 들어서 1천 500명의 하객을 스
쳐지나갈 때 터져 나온 환호성에는 자부심이 섞여 있었다. 곧이어 크리스
티나 공주와 바르셀로나의 영웅인 FC바르셀로나 소속 핸드볼 스타 이냐
키 우르당가린의 결혼식이 거행됐다. 왕위 계승 서열 7위인 공주가 신분
에 걸맞는 결혼을 할 수 있도록 왕은 결혼 직전 딸과 이냐키에게 카탈루
냐의 작위를 하사해 두 사람을 발레아레스 제도에서 가장 큰 섬인 마요르
카의 공작으로 임명했다. 그날 이후 크리스티나 공주는 바르셀로나 사람
이 되어 바르셀로나 사람들의 칭송과 사랑을 듬뿍 받았다.

　공주의 카탈루냐어는 유창하다. 또한 후안, 파블로, 미구엘, 이레네까
지 자녀 넷을 모두 바르셀로나에서 낳았다. 덕분에 카탈루냐 사람들은 그

따뜻한 공감 능력으로 바르셀로나 사람들을 사로잡은 크리스티나 공주.

녀를 '우리 편'이라고 생각한다. 네 자녀는 스페인 왕위 계승 서열이 크리
스티나 바로 뒤인 진짜 바르셀로나인들이다. 온 나라가 기뻐한 왕실 자녀
의 탄생을 카탈루냐도 당연히 기뻐했다. 스페인의 공주이자 팔마데마요
르카의 공작인 크리스티나는 심지어 바르셀로나 백작과도 친척 관계이

산타 마리아 델 마르 성당. 크리스티나 공주
는 혼자서 자주 이곳에 들렀다.

다. 1517년 카를로스 1세 이후 모
든 스페인 국왕이 바르셀로나 백
작의 작위를 갖게 되었기 때문이
다. 그 속사정을 알자면 크리스티
나 공주의 선조들을 살펴보아야
한다.

　20세기 초, 그녀의 증조부 알
폰소 13세^{Alfonso XIII}는 법적으로도
군사적으로도 불안했던 당시 스페인의 상황을 통제할 수 없었다. 이 신생
산업국에는 부패와 실업이 만연해 국민들의 불만이 고조되고 있었다. 특
히 바르셀로나에서는 노동조합과 무정부주의 조직의 세력이 매우 강했
다. 마드리드에 공화제가 선포되자 1923년 4월, 알폰소 13세는 퇴위당해
가족을 데리고 로마로 망명길에 올랐다.

　알폰소 13세의 아들이자 크리스티나의 조부인 돈 후안은 왕이 되지 못
할 처지가 되었다. 1930년경만 해도 마드리드와 바르셀로나의 무정부주
의자들이 왕정 체제를 원치 않았기 때문이다. 1936년, 스페인 내전이 발
발하면서 권력을 잡은 프랑코는 수십만 명의 공화주의자들을 말살했고
'철의 주먹'으로 죽는 날까지 스페인을 지배했다.

　독재자 프랑코 역시 왕을 곁에 두려고 하지 않았다. 하지만 교활한 프
랑코는 자신이 죽으면 스페인이 평화적 정권 교체를 통해 민주주의로 돌
아갈 것이지만 스페인 사람들의 마음 한구석에는 군주제에 대한 갈망이

남아 있을 것이라는 사실을 잘 알고 있었다. 프랑코는 그사이 포르투갈의 에스토릴로 이주한 돈 후안에게 왕위를 포기하는 대가로 바르셀로나 백작의 작위를 주겠으며 대신 로마에서 태어난 당시 15살의 아들 후안 카를로스를 마드리드로 보내라는 제안을 한다. 자신의 후계자로 삼겠다는 의도였다.

돈 후안은 결국 500년 왕실을 구하기 위해 프랑코의 제안을 받아들였고 아들과 함께 스페인으로 돌아왔다. 그 후 알폰소 13세의 손자이자 크리스티나의 아버지 후안 카를로스는 대학과 군복무를 마치고 미국에서 체류하다 1975년 프랑코가 사망하자 스페인 왕위에 올랐다. 신의 은총이 아닌 프랑코의 은총 덕분이었다. 1976년, 후안 카를로스는 모든 정당과 주요 노조를 합법화하고 자유선거를 도입하는 내용이 담긴 '정치개혁법'을 선포했다. 또한 1978년에는 스페인의 정치 형태를 의회군주제 및 민주적 법치 국가로 규정하는 '신헌법 제정'을 이루며 민주화의 기반을 다졌다. 더 나아가 1981년에는 이미 민주화된 스페인을 과거로 되돌리려는 일부 극우 세력이 일으킨 군사 쿠데타를 보기 좋게 좌절시키면서 순식간에 스페인 전 국민, 심지어 카탈루냐 사람들에게도 왕으로서 존경과 사랑을 받게 되었다.

결혼은 정치적 체스게임

바스크 출신의 바르셀로나 핸드볼 스타 이냐키를 사랑한다고 고백한 크리스티나는 스페인 정치 체스 판의 여왕 말이었다. 한가운데에는 중앙집권적이고 권위적인 마드리가 버티고 있고 북쪽에는 그들의 고유 언어를 쓰며 자치를 요구하는 바스크와 카탈루냐가 있었다.

화합을 사랑한 왕에게 딸의 결혼은 기회였다. 과도한 세금과 고유 언어 사용 금지, 문화적 억압을 통해 수십 년 동안 고통받아 온 바스크와 바르셀로나 사람들에게 마드리드가 결코 그들을 버린 것이 아니라는 사실을 보여 줄 절호의 기회였다. 왕은 두 사람의 결혼을 힘껏 지지했고 1997년 10월 4일 '우리의' 공주를 향해 '크리스티나, 크리스티나'를 외친 바르셀로나 사람들의 환호성에 큰 기쁨을 표했다.

공주는 이내 평민의 삶에 적응했다. 젊은 부부는 디아고날 거리 뒤편의 부촌 페드랄베스에 정원과 수영장이 딸린 빌라 한 채를 샀다. 페드랄베스 수도원은 물론이고 페드랄베스 거리에 있는 구엘 별장과도 아주 가까웠다. 크리스티나는 유네스코 바르셀로나 지부에서 대사로 일했고 1992년부터는 카탈루냐 최대 은행인 카이샤의 이사로도 일했다. 처음에는 문화조직부를 담당했고 1998년부터는 국제협력부로 자리를 옮겼다. 일을 해서 스스로 먹고살 돈을 번다! 경제 관념이 투철한 카탈루냐 사람들에게 참으로 보기 좋은 모습이었다.

스페인 왕실의 요트 사랑

FC바르셀로나 소속 선수이자 국가 대표 선수로 활동한 핸드볼 스타를 남편으로 두었다는 사실 말고도 그녀가 바르셀로나를 고향으로 여긴 또 하나의 이유가 있었다. 바로 요트를 향한 사랑이었다. 어릴 적부터 그녀는 아버지와 황태자인 남동생 펠리페를 따라 팔마데마요르카 앞바다에서 요트를 즐겼다. 그곳에 왕의 여름 별장 마리벤트 궁이 있었다.

고향 마드리드에서는 도저히 해소할 수 없었던 요트를 향한 열정은 아버지로부터 물려받은 것이다. 1972년, 후안 카를로스 왕은 뮌헨 올림픽 드래곤 클래스 경기 종목에 스페인 국가 대표로 출전해 15위를 했다. 크리스티나는 1988년 서울 올림픽에서 솔링 클래스 종목에 출전했지만 예

크리스티나 공주는 올림픽 경기에도 출전했을 정도로 엄청난 요트광이다.

선을 통과하지 못했다. 대신 펠리페가 1992년 바르셀로나 올림픽 솔링 클래스 종목에서 6위를 차지했다. 이처럼 스페인 왕실의 요트 사랑은 전 세계적으로도 유명하다.

바르셀로나에서는 요트를 향한 열정을 불태울 여건이 충분하다. 크리스티나 공주 역시 왕립 레이알 클럽 마리팀 바르셀로나^{Reial Club Marítim Barcelona} **32** H7에 작은 요트 하나를 갖고 있다. 클럽은 바르셀로나 항구의 람블라 데 마르^{Rambla De Mar} 다리와 명품 옷 가게와 영화관, 거대한 수족관, 맛있는 해산물 식당들이 즐비한 복합 쇼핑 센터 마레마그눔^{Maremagnum} 바로 옆에 있다.

크리스티나 공주는 1992년 바르셀로나 올림픽 이전부터 요트 경기 조직위원회 공동 위원이자 공식 대표였다. 따라서 우범 지역이던 바르셀로네타 동쪽 해안가의 재개발 사업에도 그녀의 입김이 미쳤을 것이다. 물론 재개발 사업이 언제 어디서나 개선의 결과를 낳는 것은 아니지만 말이다. 녹슨 크레인이 늘어서 있고 부두 벽이 허물어져 내리던 곳에 올림픽을 위해 초현대식 건물 마프레 타워와 호화로운 아츠 호텔이 들어섰고, 야자나무로 장식한 5킬로미터의 산책로와 깨끗한 해수욕장 7개가 조성되었다.

역사의 현장에서 초현대식 지구로

약 250년 전, 리베라 지구의 먼 북쪽 성채에 주거지가 조성되면서 ^{현재의 시우타데야 공원} 노동자, 어부, 스페인 집시들이 줄지어 들어왔다. 따지고 보면 괜찮은 주거 지역이었다. 바르셀로나에서는 유일하게 바다에 직접 면한 주거 지역이기 때문이다. 그러나 인구 과밀, 전염병, 다닥다닥 붙은 집과 집 사이로 빨랫줄이 걸린 빈민촌과 해변의 술집 '치링기토^{chiringuito}'가 생겨났다. 1960~1970년대만 해도 밤이 되면 바르셀로네타의 골목마다 자기 집 앞에 의자를 내놓고 나와 앉아 이웃들과 수다를 떠는 사람들이 많았다. TV 프로그램이 재미없어서가 아니라 밖이 더 시원하고 넓었기 때문이다. 사람들은 치링기토의 삐걱대는 나무 식탁을 바닷가 모래밭에 놓고 앉아 밀려드는 파도에 발을 적시며 새우나 오징어 요리 치페로네를 먹었다.

1992년 바르셀로나 올림픽을 앞두고 이 지구를 재정비하면서 대부분의 노동자들이 쫓겨나는 신세가 되었다. 현재 바르셀로네타는 예술가와 외국인, 부자들에게 인기가 높은 지구이다. 그에 맞게 부동산 가격도 치솟고 식당들도 비싼 고급 레스토랑으로 변모했다. 리모델링은 했지만 오랜 역사를 자랑하는 발루아르드 거리의 '칼 핀소^{Cal Pinxo}'나 길모퉁이를 돌자마자 요트 클럽이 훤히 보이는 아름다운 전망을 자랑하는 '팔라우데마르^{Palau de Mar}'가 대표적인 식당이다.

그러나 안타깝게도 크리스티나 공주의 근황은 그리 편안하지가 않다. 크리스티나 공주는 남편 이냐키 우르당가린과 함께 탈세와 공금 횡령 혐의로 작위를 박탈당했고, 2016년 3월에 법정에 출두해 혐의를 모두 부인했지만 추문이 왕실 이미지에 미친 악영향은 적지 않다. 2014년 6월, 후안 카를로스는 왕실 이미지 추락으로 입헌군주제의 지지도가 급락하고 엎친 데 덮친 격으로 건강마저 악화되자 퇴위를 선언하고 아들 펠리페 6세에게 왕위를 물려주었다.

레이알 클럽 마리팀 바르셀로나 **32** H7

Moll d'Espanya
www.maritimbarcelona.org
▶지하철 : 바르셀로네타 Barceloneta

산타 마리아 델 마르 성당 **38** H5

Plaça de Santa Maria 1
www.santamariadelmarbarcelona.org
▶지하철 : 하우메 I Jaume I

리오넬 메시 1987~

바르샤의 신화를 새로 쓴 전 세계 축구 팬들의 황제

아르헨티나 출신의 축구 천재 메시가 축구의 신들이 사는 올림포스에서
경기한다. 신화 이상의 신화가 펼쳐지는 이곳에서 우리는 바르샤의
축구 신화를, 바르샤의 영혼을 경험할 수 있다.

수백만 명이 신처럼 숭배하는 한 젊은이와 스스로를 올림포스라고 생각
하는 한 축구 팀, 모든 이들에게 두려움의 대상인 신들의 고향 올림포스
와 달리 이 젊은이와 축구 팀은 그들을 두려워해야 마땅한 사람들에게조
차 사랑받는다. 이 세상에서 젊은이와 그의 팀을 미워하는 곳은 마드리
드, 단 한 곳뿐이다. 그 젊은이가 바로 리오넬 메시고, 그 팀이 친구도 적
도 모두가 바르샤라 부르는 FC바르셀로나라는 사실을 아는 사람이라면
이유를 짐작할 수 있을 것이다.

　바르샤와 일체감을 느끼는 곳은 카탈루냐 수도만이 아니다. 마드리드
까지 포함해 전 세계 축구 팬들이 이 팀을 최고의 축구 문화가 깃든 성배
의 성으로 추앙한다. 바르샤의 고향 바르셀로나가 더욱 그렇다. 승리를
자축하는 팬들의 함성과 하늘이 무너지기라도 한 듯한 패배의 절망을 목
격한 사람이라면 이 신화가 얼마나 바르셀로나를 사로잡고 있는지 짐작
할 수 있을 것이다. 도시의 자랑거리인 바르셀로나 대성당과 리세우 대극

아르헨티나의 축구 천재 리오넬 메시는 FC바르셀로나의 영혼이며, FC바르셀로나는 이 도시의 위대한 신화이다.

장은 물론이고 가우디와 몬세라트 카바예, 호세 카레라스까지도 바르셀로나 사람들의 축구 사랑을 이길 수는 없다. 어찌 보면 바르셀로나의 모든 자랑거리가 바르샤를 위한 장신구에 불과해 보일 때도 있다.

　시 외곽에 자리 잡은 캄프 누 경기장 바깥에는 이 모든 상황을 한마디

FC바르셀로나의 주 경기장 캄프 누. 10만 석에 이르는 좌석은 항상 만원이고, 매 경기마다 엄청난
인파로 뒤덮인다.

로 요약하는 카탈루냐어 한 문장이 적혀 있다. '클럽 이상의 클럽'이라는
뜻의 '메스 케 운 클럽Més que un club'이다. 파란색과 눈부신 빨간색이 어우러
진 유니폼에 천문학적인 광고료를 받고 유명 기업의 로고를 새기는 대신
클럽의 연간 수입의 0.7퍼센트를 기부하는 조건으로 유네스코와 유니세
프 로고를 새기며 스포츠 클럽이 국제 사회에 어떻게 기여하는지 보여 주
는 마음 따뜻한 팀 바르샤. 맨체스터유나이티드를 3대 1로 이긴 2011년
의 챔피언스 리그처럼 바르샤의 축구 교향곡이 캄프 누의 푸른 잔디 구장
에서 신나게 연주될 때면 우리는 세계 최고 선수들의 활약상을 마음껏 감
상할 수 있다. 그 누구와도 비교 불가능한 축구 황제 리오넬 메시도 그곳
에 있다.

스위스 남자, 바르샤를 창단하다

상인이자 스포츠 기자였던 스위스인 한스 감퍼[Hans Gamper]가 바르셀로나에 온 것은 1899년의 일이다. 소속 팀이던 FC취리히가 그리웠던 그는 매주 일요일 친구들과 함께 공터에 모여 공을 찼고 지역 신문에 축구 팀을 만들자는 광고를 냈다. 36명의 후원자가 나섰고 여러 사람들이 합류하면서 FC바르셀로나를 창단한다. 그는 이름을 카탈루냐식 '호안 감페르'로 바꾸고 1903년까지 FC바르셀로나의 주장으로 뛰었다. 그가 세운 무려 9골이라는 한 경기 최다 득점 기록은 지금까지도 깨지지 않고 있다.

감페르는 회장을 맡아 구단의 재정 상태를 개선했는데 1925년의 정치적 소동을 일으킨 장본인이기도 하다. 카탈루냐 민족 합창단 오르페오 카탈라를 기리는 뜻에서 영국 팀과 친선 경기를 주선했는데 1만여 명의 팬들이 영국 국가가 울려퍼질 때는 박수를 쳤다가 스페인 국가가 흘러나오자 야유를 퍼부은 것이다. 스위스인 감페르는 카탈루냐 분리 자치 독립을 지지했다는 이유로 3개월 동안 추방당했고 바르샤는 6개월 동안 자신의 경기장에서 경기를 하지 못했다.

스페인 내전 동안에는 이런 정치적 갈등이 더욱 혹독한 결과를 낳았다. 1937년, 바르샤의 회장 호셉 수놀이 프랑코의 군인들에게 체포당해 사살당한 것이다. 또 같은 해 북중미 투어 중이던 선수단 중 12명의 선수가 멕시코로 망명했다. 1939년, 프랑코의 군인들이 바르셀로나를 점령하자 창단 멤버와 회장단 전원이 무정부주의자, 공산주의자들과 나란히 숙청 대상자 명단에 올랐다. 그 이후 레알마드리드와 FC바르셀로나의 경기는 매번 카탈루냐와 마드리드의 애국적 권력 투쟁으로 비화되었다. 바르셀로나 사람들에게 바르샤의 승리는 곧 바르셀로나의 승리였기에 바르샤 선수들이 곧 카탈루냐 자치 운동을 위한 영웅적 군사들이었다. 1975년 프랑코가 세상을 떠나기 전까지 많은 심판들이 레알마드리드에게 유리하게 경기 결과를 조작했다는 의심을 받기도 했다.

레알마드리드와의 경기는 경기 이상의 경기

지금도 바르샤와 레알마드리드의 경기는 맨체스터유나이티드와 리버풀의 경기나 샬케와 도르트문트의 경기보다 훨씬 더 폭발적인 위험을 안고 있다. 물론 프랑코 독재가 끝난 이후엔 캄프 누 경기장에서 카탈루냐기가 휘날리고 카탈루냐어 응원가가 터져 나온다. 이 '새 경기장'은 1957년에 지어졌다. 자신들의 축구 팀을 보고 싶어 하는 바르셀로나 팬의 숫자가 날로 늘어났기 때문이다. 더구나 1951년, 혜성처럼 나타난 한 선수가 엄청난 팬들을 축구장으로 끌어모았다. 그 선수의 팬들만 수용하기에도 기존에 사용하던 경기장은 너무 낡고 작았다. 그 선수는 바로 기술적으로 완벽한 경기를 펼쳐 1950년대 바르샤에게 각종 우승컵을 선사한 헝가리 출신의 라슬로 쿠발라$^{Laszló Kubala}$다. 자신들의 영웅 쿠발라가 카탈루냐 사람이 아니라는 사실을 자의식 넘치는 바르셀로나 사람들은 별로 괘념치 않는다. 초현실적, 비현실적 역량을 발휘하는 리오넬 메시 역시 아르헨티나 사람이다.

또 다른 바르샤의 전설 리카르도 사모라$^{Ricardo Zamora}$는 바르셀로나 사람으로 1901년 바르셀로나에서 태어났고 1978년 바르셀로나에서 죽었다. 1920년과 1922년 그는 바르샤와 함께 뛰어 스페인 국왕컵 코파 델 레이$^{Copa del Rey}$를 거머쥐었고, 1920년에는 스페인 국가 대표 선수단에게 올림픽 은메달을 선사했다. 그의 노력이 가장 빛났던 경기는 1929년의 영국전이었다. 영국 팀이 홈경기에서 구단 역사상 최초로 외국 팀에게 3대4로 패배한 경기였다. 사모라가 흉골이 부러졌음에도 불구하고 참고 경기를

참프 누 경기장에 있는 FC바르셀로나 박물관은 전 세계 축구 팬들이 찾는 명소다.

마쳤다는 사실이 알려지면서 국민의 영웅이 되었다.

사모라의 뒤를 쿠발라가 이었고, 다시 요한 크루이프, 베른트 슈스터, 디에고 마라도나, 게리 리네커, 그리고 이제는 리오넬 메시가 그들의 길을 뒤따른다. 메시의 이야기는 다른 축구 영웅의 이야기들처럼 한 편의 신화다.

축구의 신 리오넬 메시는 1987년 6월 24일 아르헨티나 로사리오에서 태어났다. 5살 되던 해 아버지가 아들을 축구 팀에 넣었다. 사람들은 이상할 정도로 약하고 키도 작은 아이의 비범한 재능을 이내 알아차렸다. 왜소한 체격의 원인은 성장호르몬 결핍증 때문이었다. 그러나 치료비가 너무 비쌌다. 메시 가족에게 한 달에 900달러라는 치료비는 엄청난 부담이었다. 아르헨티나 축구 팀들은 아이의 비범한 재능을 알아보고도 너무 왜

소했기에 입단을 거부했다. 절망한 부모는 FC바르셀로나에 도움을 청했다. 입단 테스트 후 유소년 팀 코치는 몹시 흥분하며 메시의 부모에게 냅킨에 임시로 작성한 계약서를 내밀며 당장 계약하자고 했다. 그리하여 13살의 소년은 가족과 함께 바르셀로나로 왔다. 바르샤는 계약금 600달러와 매달 치료비를 지급했고 메시가 익숙한 환경에서 지낼 수 있도록 경기장에서 멀지 않은 곳에 가족이 살 집을 마련해 주었다. 그뿐만 아니라 가정부, 운전기사까지 고용해 가족의 모든 문제를 해결해 주었다.

게임의 안무가, 리오넬 메시

옳은 판단이었다. 바르샤로서도 전혀 손해 보는 장사가 아니었다. 그사이 키가 1미터 69센티미터까지 자란 리오넬 메시는 카탈루냐 축구 팀의 상징이 되었고, 라 리가^{스페인의 프로 축구 리그 중 최상위 리그} 한 시즌 동안 가장 뛰어난 활약을 펼친 선수에게 주어지는 디 스테파노 상을 총 4번 수상했다. 2008년부터 2012년까지 FC바르셀로나의 수장이었던 과르디올라 감독은 디지털 트레킹 시스템으로 선수들의 걸음, 패스 하나하나까지 모두 포착했다. 발레 대가의 안무 도안처럼 보이는 컴퓨터 화면으로 경기의 매 순간을 분석한 것이다. 바르샤의 모든 선수들 중에서도 작은 메시가 단연 눈에 띄었다. 물론 기하학적인 선과 눈금들은 그와 함께 뛰는 다른 선수들의 실력 역시 대단하다는 사실을 보여 주었다. 세계 최고의 메시는 자신의 팀에 헌신한다. 그리고 해마다 3천 만 유로가 넘는 돈을 번다. 팬들이 그에게 기꺼이 허락한 돈이다.

캄프 누 경기장에는 9만여 개의 관람석이 있지만 바르샤의 회원은 13만 명이 넘는다. 당연히 경기장이 너무 협소하다. 전통을 중시하는 카탈루냐 사람들은 아이가 태어나자마자 바르샤 회원으로 등록한다. 관람석을 영성체 선물로 주는 일도 다반사다. 정회원들은 유언장을 통해 좌석을 유산으로 물려준다. 학생들은 우승컵이 가득한 캄프 누 경기장 박물관을 의무적으로 관람하고 팬들은 매 경기를 마치 오페라를 관람하듯 즐긴다. 메시와 그의 축구 팀을 위해 옷차림까지 신경 쓴다. 캄프 누 경기장에서 과도한 음주는 경멸의 대상이다. 그곳은 출입 조건이 까다로운 놀이동산이다.

바르샤가 승리하면 팬들은 자동차 경적을 울리며 도심을 행진한다. 카탈루냐 광장 아래 람블라 데 카날레테스^{Rambla de Canaletes}에서는 패스 하나하나, 골 하나하나가 토론의 대상이다. 100년 전부터 바르샤의 팬들은 이곳에서 경기가 끝날 때마다 밤이 깊도록 열띤 토론을 벌였다.

1960년대에는 경기가 끝난 후 사람들이 모여 바르샤의 승리를 자축하려 들면 프랑코의 민병대가 4인까지의 시위만 허용된다는 법 조항을 들먹이며 몽둥이로 이들을 두들겨 팼다. 경찰은 곧 마드리드였고, 마드리드는 바르샤를 증오했다. 하지만 이런 반감도 FC바르셀로나와 메시를 오히려 더 강하고 당당하게 만들었을 뿐이다.

캄프 누 & FC바르셀로나 박물관
Avinguda Aristides Maillol
www.fcbarcelona.com
▶지하철 : 콜블랑크 Collblanc

캄프 누 경기장
Carrer d'Aristides Maillol 12
www.fcbarcelona.com / camp - nou
▶지하철 : 콜블랑크 Collblanc

안토니 가우디의 대표작 사그라다 파밀리아 성당.

지은이 | 볼프하르트 베르크

칼리닌그라드가 쾨니히스베르크이던 시절 그곳에서 태어나 바르셀로나에서 성장했고 1963년 바르셀로나의 독일 김나지움을 졸업했다. 스페인의 독일 출판사에서 편집장으로 일했고 스페인어 잡지를 발행하면서 스페인 전국왕 후안 카를로스를 여러 번 만났다. 현재는 독일 함부르크에서 살고 1년에 몇 주씩은 바르셀로나와 마드리드에서 지낸다.

옮긴이 | 장혜경

연세대학교 독어독문학과를 졸업했으며, 같은 대학 대학원에서 박사 과정을 수료했다. 독일 학술교류처 장학생으로 하노버에서 공부했다.
전문 번역가로 활동 중이며《식물탄생신화》,《상식과 교양으로 읽는 유럽의 역사》,《주제별로 한눈에 보는 그림의 역사》,《미술의 역사를 바꾼 위대한 발명 13》등 다수의 문학과 인문교양서를 우리말로 옮겼다.

도시의 역사를 만든 인물들
그들을 만나러 간다
바르셀로나

초판 인쇄 2016년 8월 1일
초판 발행 2016년 8월 10일

지은이   볼프하르트 베르크
옮긴이   장혜경
펴낸이   진영희
펴낸곳   (주)터치아트
출판등록   2005년 8월 4일 제396-2006-00063호
주소   10403 경기도 고양시 일산동구 백마로 223, 630호
전화번호   031-905-9435 팩스 031-907-9438
전자우편   editor@touchart.co.kr

ISBN 978-89-92914-92-5 04980
     978-89-92914-85-7(세트)

* 이 책 내용의 일부 또는 전부를 재사용하려면 반드시 저작권자와
  (주)터치아트의 동의를 얻어야 합니다.
* 책값은 뒤표지에 표시되어 있습니다.